【中华国学经典精粹】

幽梦影

[清]张潮 著　宿磊 评译

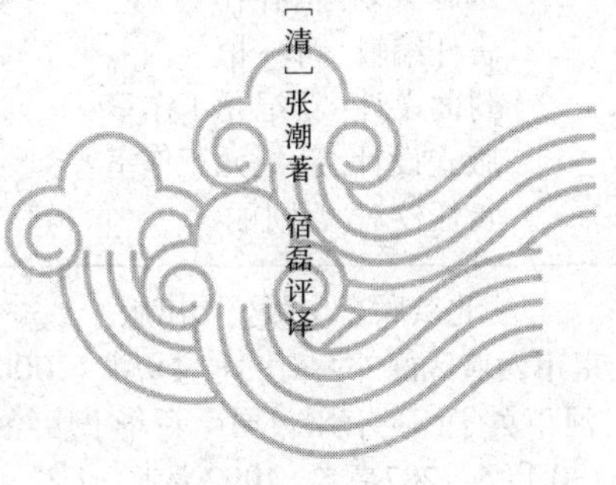

北京联合出版公司
Beijing United Publishing Co.,Ltd.

图书在版编目(CIP)数据

幽梦影 /(清)张潮著;宿磊评译. —北京:北京联合出版公司,2018.1(2023.5 重印)
(中华国学经典精粹)
ISBN 978-7-5596-1294-6

Ⅰ.①幽… Ⅱ.①张… ②宿… Ⅲ.①人生哲学—中国—清代 Ⅳ.①B825

中国版本图书馆CIP数据核字(2017)第285761号

幽梦影

作　　者:张　潮
选题策划:宿春礼
责任编辑:肖　桓
封面设计:新纪元工作室
版式设计:新纪元工作室
责任校对:吕凯丽

北京联合出版公司出版
(北京市西城区德外大街83号楼9层　100088)
三河市冀华印务有限公司　新华书店经销
字数:130千字　787毫米×1092毫米　1/32　5印张
2018年8月第1版　2023年5月第5次印刷
ISBN 978-7-5596-1294-6
定价:12.00元

本书若有质量问题,请与本公司图书销售中心联系调换。
电话:010-59625116

前言

张潮，字山来，一字心斋，号心斋居士，又号三在道人，安徽歙县人。张潮之父名习孔，字念难，号黄岳，明崇祯年间为诸生，清顺治六年（1649）中进士，从此走上仕途，始家道中兴，历官刑部郎中、按察使司佥事充任山东提学，后以丁母忧之故侨居扬州，一心经营家业。在其四十五岁即顺治七年（1650）时，张潮出生。

张潮成长在“田宅风水、奴婢器什、书籍文物”一应俱全的优裕环境里，由于父亲严格的家教，他没有沾染官宦富贵人家子弟常见的纨绔习气，自幼“颖异绝伦，好读书，博通经史百家言，弱冠补诸生，以文名大江南北”。只可惜累试不第，只做过翰林孔目这样的从九品官，他因此心灰意冷，不再出仕，而是杜门著书，先后自著诗文、词曲、笔记、杂著数十卷，辑成《檀几丛书》《昭代丛书》等丛书。

明代后期到清代前期，产生了像屠隆的《婆罗馆清言》、陈继儒的《小窗幽记》、吕坤的《呻吟语》和洪应明的《菜根谭》等一批优秀清言小品作品。这类作品一般采用简洁的格言、警句、语录形式，表现哲理思考或生活情趣，在经传、史鉴、诗文之外别立一体。张潮所著的《幽梦影》也是其中有代表性的作品之一。

《幽梦影》主要写人要心胸开阔，善于发现身边美的事物，不论才子佳人还是花鸟鱼虫，都要善于观察，以小窥大，在无意中道出人生的哲理。书中没有强烈、尖锐的批评，只有不失风度的冷嘲热讽。而这些不平、讽刺，其表现形式也都是温和的。《幽梦影》这样的书绝不是匕首投枪，而更像中药里的清凉散。为《幽梦影》作序的石庞说张潮此书“以风流为道学，寓教化于诙谐”。

《幽梦影》中处处体现了古代文人的修养，不仅仅是诗词文赋的能力，更重要的是道德素养，以及文化底蕴。另外一方面，它也展示了中产阶级知识分子的品味，中国文人的生活态度。借着张潮的眼睛，让我们发现琐碎生活竟然如此不平凡，月亮、石头，甚至一棵树、一片云、蝴蝶或花鸟，这些寻常的事物，在作者静观、内省，经过个人的体悟之后，成了足以流传的生命学问。

张潮所生年代，正值中国传统学术总结之时，这本书的体验和学问因此亦带有总结性质。他的一家之言，乃是以中国学问为底，收束到个人性情里头再放出来的个人风格强烈的生命哲学，绝非单纯的知识。

林语堂认为张潮极能体现中国传统文人的人格特质，因此“数十年间孜孜不倦地推介《幽梦影》这部书”，翻译此书，让西方世界见识中国文化。两人相交于不同的时空，却同样具有“纯粹的生活”，那是文人最重视的“性灵”，一种清洁、透明而单纯的性情质地。作为基督徒的林语堂曾经说，《圣经》让他向往“清洁的生活、纯粹的生活、单纯的生活、有用的生活”。《幽梦影》之于林语堂，则犹如中国版的《圣经》，有用又无用，让人在浊世里安身立命。

为了让广大读者更好地体会书中典句的深意，本书对原文中难懂字词加以注释，并将原文译成了白话。不足之处与有误之处期望不吝赐教指正。

目 录

序一

余穷经读史之余，好览稗官小说，自唐以来不下数百种。不但可以备考遗志[①]，亦可以增长意识。如游名山大川者，必探断崖绝壑，玩乔松古柏者，必采秀草幽花，使耳目一新，襟情怡宕[②]。此非头巾褦襶、章句腐儒之所知也[③]。故余于咏诗撰文之暇，笔录古轶事、今新闻，自少至老，杂著数十种。如《说史》《说诗》《党鉴》《盈鉴》《东山谈苑》《汗青余语》《砚林》《不妄语述》《茶史补》《四莲花斋杂录》《曼翁漫录》《禅林漫录》《读史浮白集》《古今书字辨讹》《秋雪丛谈》《金陵野钞》之类。虽未雕板问世[④]，而友人借抄，几遍东南诸郡，直可傲子云而睨君山矣[⑤]。

【注释】

①备考：留作参考。遗志：前人遗留的记录和标记。②襟（jīn）情：襟怀和情怀。怡宕（dàng）：洒脱不受拘束。③褦襶（nài dài）：愚蠢，不明事理。原指衣服粗重宽大不合身。章句腐儒：不能通达大义而拘泥于辨析章句的读书人。④雕板：即刻书，在木板上雕刻文字，作为印刷底版。⑤子云：即扬雄，字子云，西汉文学家、哲学家。君山：即桓谭，字君山，东汉思想家。两人都博学多闻。

【译文】

我在博览经籍史书之余，也喜欢看一些野史小说，自唐代以来的读了不下百种。阅读野史小说不但有助于全面了解前人遗留下来的记载，更能增长见识。就如同去游历名山大川，势必要领略悬崖峭壁和深谷；要赏玩挺拔的松柏，势必要探寻秀美幽远的花花草草。这都使人耳目一新，眼前一亮，放松情怀愉悦身心。这都是迂腐不通、拘泥于辨析章句的儒生所不能理解的。所以我在吟诗赋文之余，记录了古代逸事、当今新闻，从年少到老年，杂著有数十种。比如《说史》《说诗》《党鉴》《盈鉴》《东山谈苑》《汗青余语》《砚林》《不妄语述》《茶史补》《四莲花斋杂录》《曼翁漫录》《禅林漫录》《读史浮白集》《古今书字辨讹》《秋雪丛谈》《金陵野钞》之类。虽然没有印刷出版，然而我的友人们互相借阅抄录，几乎传遍东南各郡，已然可以傲视扬雄与桓谭了。

天都张仲子心斋，家积缥缃[①]，胸罗星宿，笔花缭绕[②]，墨沈淋漓[③]。其所著述，与余旗鼓相当，争奇斗富，如孙伯符与太史子义相遇于神亭[④]，又如石崇、王恺击碎珊瑚时也[⑤]。其《幽梦影》一书，尤多格言妙论，言人之所不能言，道人之所未经道。展味低徊，似餐帝浆沆瀣[⑥]，听钧天广乐[⑦]，不知此身之在下方尘世矣。至如“律己宜带秋气，处世宜带春气”“婢可以当奴，奴不可以当婢”“无损于世谓之善人，有害于世谓之恶人”“寻乐境乃学仙，避苦境乃学佛”，超超元箸[⑧]，绝胜支、许清谈[⑨]。人当镂心铭腑，岂止佩韦书绅而已哉[⑩]！

鬘持老人余怀广霞制[⑪]

【注释】

①缥缃（piǎo xiāng）：指书卷。缥：淡青色。缃：浅黄色。古时常用淡青、浅黄色的丝帛作为书囊、书衣，因以指代书卷。②笔花：指文笔优美，才思俊逸。③墨沈（shěn）：墨汁。④孙伯符：即孙策，字伯符，东汉吴郡富春人。太史子义：即太史慈，字子义，三国吴东莱黄县人。二人在神亭相遇，搏斗，不分高下。⑤石崇：字季伦，小名齐奴，西晋人，家大富，性奢靡。王恺：字君夫，西晋人，外戚，司马昭妻弟。二人曾以珊瑚斗富。⑥沆瀣（hàng xiè）：夜间的水汽，露水。⑦钧天广乐：指天上的音乐，形容其文章优美超凡。钧天：古代神话传说指天之中央。广乐：优美而雄壮的音乐。⑧超超元箸（zhù）：指言论文辞高妙又明切。超超：高超。元：作“玄”解，微妙。箸：通“著”，明显。⑨绝胜支、许清谈：远远超过东晋支道林与许询的清谈。支：即支遁，字道林，东晋僧人。许，即许询，字玄度，东晋高阳人。⑩佩韦：熟牛皮质地柔软，性急之人佩戴它以警戒自己。书绅：把要牢记的话写在衣服的绅带上，以示不忘。⑪余怀：字淡心、无怀，号曼翁、鬘持老人。明末清初福建莆田人。

【译文】

黄山人张仲子心斋，家里藏书丰厚，胸怀广博，才思俊逸，文笔优美。他著的书和我旗鼓相当，不相上下，争奇斗富，就如同孙策和太史慈相遇于神亭的情景，又如同石崇、王恺击碎珊瑚树时的情景那样。他著作的《幽梦影》一书，有很多格言妙语，讲出了很多别人从来没说过的话，道出了很多别人说不出的道理。细细品味此书，就如同饮用仙人的琼浆，听着天庭的音乐，让人忘记了自己身处凡尘之中。至于所说的“约束自己应该带有秋天的严厉气息，对待别人应该带有春天的宽容气息”“婢女可以替代奴仆干粗重的活，而奴仆不可以替代婢女干细致的活”“对世人没有做过坏事叫作善人，对世人做过坏事就是恶人”“想要寻求乐土，就要修道修仙；想要躲避生之苦闷，就要修行佛法”，言辞的高超美妙胜过了晋代支道林、许询的清谈。读者们应当铭刻于心，永志不忘，不止是靠佩韦或书之于绅带以便牢记而已呀！

鬘持老人余怀广霞制

序二

心斋著书满家，皆含经咀史[①]，自出机杼[②]，卓然可传。是编是其一脔片羽[③]，然三才之理、万物之情、古今人事之变，皆在是矣。顾题之以“梦”且“影”云者，吾闻海外有国焉，夜长而昼短，以昼之所为为幻，以梦之所遇为真，又闻人有恶其影而欲逃之者，然则梦也者，乃其所以为觉，影也者，乃其所以为形也耶？廋辞谵语[④]，言无罪而闻足戒，是则心斋所为尽心焉者也。读是编也，其亦可以闻破梦之钟，而就阴以息影也夫[⑤]！

江东同学弟孙致弥题[⑥]

【注释】

①含经咀史：指体味、欣赏经籍史书中的精华。②自出机杼（zhù）：此处指写文章能有自己的风格和特点、内容等。杼：本指织布机上的梭子。③脔（luán）：切成小块的肉。片羽：传说中神马吉光的小片毛，比喻少量残存的珍贵之物。④廋（sōu）辞：指隐语。廋，是隐藏的意思。讔（yǐn）：隐语。⑤就阴以息影：指就身于阴暗处使得影子看不见。⑥孙致弥：字恺似，号松坪等，嘉定人。康熙二十七年（1688）进士。

【译文】

心斋所著之书堆满于家中，都是体味经籍史书的精华之后，独立创作的文章，卓越不凡，足以流传于世。此书只是其众多著作中的一部，然而天地人之道理，万物生发之情，古今的人事变更都在其中了。看书名用“梦”和“影”，我曾听闻海外有个国家，那里黑夜长，白天短，那里的人把白天所做的事情都当作是虚无的，把夜晚梦中经历的当成是真实的，还听说有的人因为讨厌自己的影子想要摆脱它，然而“梦”是能够觉知的，“影”也是事物存在的形式吧？这些含糊其词的说法，说的人是没有过错的，但是听到它的人却应该足以为戒，这就是心斋为之用尽心力的地方。读此书，也能从中听到打破梦境的钟声，可以在阴影处靠着让影子停止显现！

江东同学弟孙致弥题

序三

张心斋先生家自黄山，才奔陆海[①]。楠榴赋就[②]，锦月投怀；芍药词成，繁花作馔。苏子瞻十三楼外，景物犹然；杜牧之廿四桥头，流风仍在。静能见性[③]，洵哉人我不间[④]，而喜嗔不形[⑤]；弱仅胜衣，或者清虚日来，而滓秽日去。怜才惜玉，心是灵犀；绣腹锦胸，身同丹凤。花间选句，尽来珠玉之音；月下题词，已满珊瑚之笥[⑥]。岂如兰台作赋[⑦]，仅别东西；漆园著书[8]，徒分内外而已哉！

然而繁文艳语，止才子余能；而卓识奇思，诚词人本色。若夫舒性情而为著述，缘阅历以作篇章，清如梵室之钟[9]，令人猛省；响若尼山之铎[10]，别有深思。则《幽梦影》一书，余诚不能已于手舞足蹈、心旷神怡也！其云"益人谓善，害物谓恶"，咸仿佛乎外王内圣之言。又谓"律己宜秋，处世宜春"，亦陶熔乎诚意正心之旨。他如片花寸草，均有会心；遥水近山，不遗玄想。息机物外，古人之糟粕不论；信手拈时，造化之精微入悟。湖山乘兴，尽可投囊[11]；风月维谭，兼供挥麈[12]。金绳觉路，宏开入梦之毫；宝筏迷津，直渡广长之舌[13]。以风流为道学，寓教化于诙谐。为色为空，知犹有这个在[14]；如梦如影，且应作如是观。

湖上晦村学人石庞序

【注释】

①陆海：南朝梁钟嵘称赞晋代文学家陆机为"陆才如海"，后即以此比喻有文才。②枏（nán）榴赋：即三国时张纮所作的《枏榴枕赋》。③见性：佛教用语。既是见自本性，指悟彻清净。④洵（xún）哉：确实如此。⑤喜嗔（chēn）不形：喜怒不形于色。嗔，生气的意思。⑥笥（sì）：一种方形的竹器。⑦兰台：指汉代文学家班固，他曾出任兰台令史，因此被称为班兰台。赋：指《东都赋》《西都赋》，并称为《两都赋》。⑧漆园：即庄子，他曾当过漆园吏。⑨梵室：佛殿。⑩尼山：孔子诞生地，在今山东曲阜。铎：一种汉族古乐器，大铃，铜质。⑪投囊（náng）：投入囊中。指收集起来的意思。⑫挥麈（zhǔ）：指清谈。麈，鹿一类的动物，其尾可做拂尘。⑬广长之舌：诸佛与转轮圣王三十二相中的二十七相，即广长舌相。⑭知犹有这个在：佛教典故，指有分别心思，不曾悟道。

【译文】

张心斋先生家在黄山，像陆机一样有才华。像《枏榴枕赋》一样的文章写成，皎洁的月光投入其怀；赞美芍药的文词写就，又以繁花当作饮食。苏轼的十三楼外，景物依然如故；杜牧的廿四桥头流行的风气仍然存在。清净中才能悟见本性，心斋先生实在是和别人没有什么隔阂，只是喜怒哀乐不表现出来；尽管柔弱得只能承受衣服的重量，但是清虚淡泊之情一天天到来，污浊肮脏的想法一天天离去。因怜惜才华而爱护之，心如灵犀一点即通；胸中文章如锦绣，身如彩凤卓然不群。在花间选出佳句，全都发出珠玉般的声音；月光下题的诗词，装满了饰有珊瑚的竹器。岂止像班固作《两都赋》，仅分为《东都赋》《西都赋》；也不仅像庄子写作的《庄子》一书，只分内篇、外篇而已！

然而繁多的文字和华丽的语言，只是才子的一点点才能；而卓越的见识和奇妙的思想，才是词人的本色。如果为了抒发性情而著书，根据自己的阅历而写文章，那么文章就像寺庙的钟声一样清脆悠扬，使人突然醒悟；像孔子的木铎一样响亮，别有一番深思。那么《幽梦影》这本书，确实让我禁不住手舞足蹈、心旷神怡！书中说“益人谓善，害物谓恶”，感觉好像是外王内圣的言论。又说“律己宜秋，处世宜春”，也融合了《大学》中正心诚意的意旨。其他如一片花一片草，都有会心的地方；不管是远水还是近山，都没有遗漏奇思妙想。超然世俗之外，不谈论古人的糟粕；信手拈来，感悟大自然细微之处的精妙。一时高兴游览湖光山色，都能够全部投入囊中；风月维谭，也能够用来挥麈而谈。犹如用金绳开辟成佛的道路，敞开进入梦中的笔墨；犹如用宝筏引导众生渡过迷茫苦海，直达广长舌像。以文采风流来讲述儒家学问，把教化寓意到诙谐的直达言语当中。为色相为空相，还是有分别心在；如梦如影，人生当作如是观。

湖上晦村学人石庞序

第一则

读经宜冬[①]，其神专也[②]；读史宜夏，其时久也；读诸子宜秋[③]，其致别也；读诸集宜春[④]，其机畅也[⑤]。

曹秋岳曰：可想见其南面百城时。

庞笔奴曰：读《幽梦影》，则春夏秋冬，无时不宜。

【注释】

①宜：适合，适宜。②神：精神。专：专注。③诸子：先秦至汉初的各派著作。也泛指子部书籍。④诸集：诗词文集等。⑤机：生机。

【译文】

阅读经书适合在冬天，冬天能够全神贯注神游于书中；阅读史书适合在夏天，夏天白天长，时间充足；读诸子的书适合在秋天，因为秋高气爽，人的思维敏捷，性情雅致；读文集诗词适合在春天，春天万物复苏，启发希望，能够更好地体会诗词文集的意味。

曹秋岳说：通过这段文字可以想象作者坐拥万卷书的情景。

庞笔奴说：《幽梦影》春夏秋冬都适合读。

第二则

经传宜独坐读，史鉴宜与友共读。

孙恺似曰：深得此中真趣，固难为不知者道。

王景州曰：如无好友，即红友亦可[①]。

【注释】

①红友：酒的别称，出自宋人罗大经《鹤林玉露》卷八："常州宜兴县黄土村，东坡南迁北归，尝与单秀才步田至其地。地主携酒来饷曰：'此红友也。'"

【译文】

读儒家经典和其注释传记等著作适合独自安静地阅读，而读历史著作能够开阔视野，适合和朋友一起研读探讨。

孙恺似说：深深体会到了读书的真正乐趣，不懂的人是很难跟他说明白的。

王景州说：如果没有好友相伴，有酒也可以。

第三则

无善无恶是圣人[1]。如帝力何有于我[2]；杀之而不怨，利之而不庸[3]；以直报怨[4]，以德报德；一介不与，一介不取之类[5]。善多恶少是贤者。如颜子不贰过[6]，有不善未尝不知；子路人告有过则喜之类[7]。善少恶多是庸人。有恶无善是小人。其偶为善处[8]，亦必有所为。有善无恶是仙佛。其所谓善，亦非吾儒之所谓善也[9]。

黄九烟曰：今人一介不与者甚多，普天之下，皆半边圣人也。利之不庸者，亦复不少。

江含徵曰：先恶后善，是回头人；先善后恶，是两截人。

殷日戒曰：貌善而心恶者，是奸人，亦当分别。

冒青若曰：昔人云："善可为而不可为。"唐解元诗云[10]："善亦懒为何况恶。"当于有无多少中更进一层。

【注释】

①善：善事。恶：恶事。②帝力：帝王的权力。③庸：酬谢其功劳或功德。"杀之而不怨，利之而不庸"，出自《孟子·尽心上》。④直：正直。⑤一介：同"芥"，一粒芥菜籽，形容微小的东西。⑥贰：重复，再，两次。⑦过：过错。喜：高兴。⑧偶：偶然。⑨吾儒：我们儒家，儒学人士的自称。⑩唐解元：即唐寅，字伯虎，明代苏州府吴县人。善画，诗文亦工。

【译文】

没有做过善事也没有做过恶事的是圣人。比如帝王的权力跟我有什么关系；被杀也不怨恨谁，获得利益也不酬谢报答谁；以公平正直的态度来面对怨恨，以恩德回报恩德；一点小东西也不随便给人，一点小东西也不随便据为己有之类。做善事多做恶事少的人是贤者。如颜回，同样的过错不犯第二次，对于自己做过的错事没有不知道的；子路听到别人指出他的过错就非常高兴之类。做善事少做恶事多的人是庸碌之人。只做恶事不做善事的是阴险狡诈的小人。他偶然做的善事也是另有目的。只做善事不做恶事的是仙佛。但是他们的善行，不是我们儒家所说的善行。

黄九烟说：当今一点小东西都不随便给的人很多，整个天下的人，都是半个圣人。获得好处或者帮助不报答别人的人也不少。

江含徵说：一开始做恶事后来做善事的人，是洗心革面、改过自新的人；一开始做善事后来做恶事的人，是前后不一的人。

殷日戒说：外表善良而心里恶毒的人，是阴险狡诈的人，也应该分辨出来。

冒青若说：古人说："善可为而不可为。"唐伯虎的诗里说："善亦懒为何况恶。"应该比此文中的善恶有无多少更加深刻。

第四则

天下有一人知己，可以不恨[①]。不独人也[②]，物亦有之。如菊以渊明为知己，梅以和靖为知己，竹以子猷为知己，莲以濂溪为知己，桃以避秦人为知己，杏以董奉为知己，石以米颠为知己，荔枝以太真为知己，茶以卢仝、陆羽为知己，香草以灵均为知己，莼鲈以季鹰为知己，蕉以怀素为知己，瓜以邵平为知己[③]，鸡以处宗为知己，鹅以右军为知己，鼓以祢衡为知己，琵琶以明妃为知己。一与之订[④]，千秋不移。若松之于秦始，鹤之于卫懿，正所谓不可与作缘者也[⑤]。

查二瞻曰：此非松鹤有求于秦始、卫懿，不幸为其所近，欲避之而不能耳[⑥]。

殷日戒曰：二君究非知松鹤者[⑦]，然亦无损其为松鹤。

周星远曰：鹤于卫懿，犹当感恩。至吕政五大夫之爵，直是唐突十八公耳。

王名友曰：松遇封，鹤乘轩，还是知己。世间尚有劚松煮鹤者[⑧]，此又秦卫之罪人也。

张竹坡曰：人中无知己，而下求于物，是物幸而人不幸矣[⑨]；物不遇知己，而滥用于人，是人快而物不快矣。可见知己之难。知其难，方能知其乐。

【注释】

①恨：不满意，遗憾。②独：只是，仅仅。③邵平：秦国的东陵侯，也写作“召平”，秦亡后，他在长安东郊以种瓜为生，据说他所种的瓜味道甜美，被称为“东陵瓜”。④一：一旦。订：约定，订立。⑤作缘：结缘，结交。⑥耳：而已。⑦究：终究。⑧劚（zhǔ）：砍。⑨幸：幸运。

【译文】

在世上只要能拥有一个知己，就不必遗憾了。不仅仅是人，其他物也是这样。比如菊花视陶渊明为知己，梅花把林和靖当作知己，竹子把王徽之当作知己，莲花把周敦颐当作知己，桃花把在桃花源隐居避秦的人当作知己，杏把东汉名医董奉当作知己，奇石把米芾当作知己，荔枝把杨贵妃当作知己，茶把卢仝、陆羽当作知己，香草把屈原当作知己，莼菜、鲈鱼把张翰当作知己，芭蕉把怀素当作知己，瓜把邵平当作知己，鸡把宋处宗当作知己，鹅把王羲之当作知己，鼓把祢衡当作知己，琵琶把王昭君当作知己。一旦他们彼此订交，历经千秋万代也不会再改变。至于松和秦始皇，鹤和卫懿公，就像古人说的彼此是不应该结缘的。

查二瞻说：这并不是松、鹤有求于秦始皇、卫懿公，只不过是不幸被他们所亲近，想避开却不能而已。

殷日戒说：这二人终究不是松鹤的知己，但是也并不损害它们之所以是松鹤。

周星远说：鹤对于卫懿公，还是应该感恩。而至于吕政封松为五大夫之爵，那就真是唐突了松树了。

王名友说：松树受封，白鹤乘坐轩车，姑且还算是知己。这世上还有砍伐松树烹煮白鹤的人，他们又成为秦始皇、卫懿公的罪人了。

张竹坡说：在人类中找不到知己，而求其次把物当作知己，是物的幸运、人类的不幸；物遇不到知己，而被人类肆意使用，是人类的乐事、物的悲哀。由此可知，知己很难拥有，但是知道难，才能够体味其中的快乐。

第五则

为月忧云，为书忧蠹[①]，为花忧风雨，为才子佳人忧命薄，真是菩萨心肠。

余淡心曰：洵如君言[②]，亦安有乐时耶？

孙松坪曰：所谓君子有终身之忧者耶？

黄交三曰："为才子佳人忧命薄"一语，真令人泪湿青衫。

张竹坡曰：第四忧，恐命薄者消受不起。

江含徵曰：我读此书时，不免为蟹忧雾。

竹坡又曰：江子此言，直是为自己忧蟹耳[③]。

尤悔庵曰[④]：杞人忧天，嫠妇忧国[⑤]，无乃类是。

【注释】

①蠹（dù）：蛀蚀器物的虫子。②洵：确实，实在。③直：仅仅，只是。④尤悔庵：即尤侗，字同人、展成，号悔庵、艮斋，江南长洲人。明末清初的诗人、戏曲家。⑤嫠（lí）妇：寡妇。

【译文】

为月亮担心被云彩遮住，为书担心被蠹虫蛀蚀，为花朵担心被风雨摧残，为才子佳人担心他们命运不好，这真是菩萨心肠呀。

余淡心说：如果真的像您说的那样，那哪里还有安乐的时候呢？

孙松坪说：这就是所说的君子一辈子都会有忧虑吗？

黄交三说："为才子佳人忧命薄"这话，读后真是让人泪眼婆娑，湿了衣衫。

张竹坡说：第四种忧虑，恐怕命薄的人难以承受。

江含徵说：我读这本书的时候，忍不住为螃蟹担心起雾。

竹坡又说：江子的话，仅仅是替自己担心吃不到螃蟹而已。

尤悔庵说：杞人担心天塌下来，寡妇忧虑国家大事，应该都是这类情况吧。

第六则

花不可以无蝶，山不可以无泉，石不可以无苔，水不可以无藻，乔木不可以无藤萝，人不可以无癖[①]。

黄石闾曰：“事到可传皆具癖”，正谓此耳。

孙松坪曰：和长舆却未许藉口[②]。

【注释】

①癖：嗜好，爱好。②和长舆：晋代人和峤，字长舆，富有而吝啬。

【译文】

花朵不能没有蝴蝶陪伴，青山不能没有泉水映衬，石头不可以不长青苔来点缀，水中不可以没有水藻修饰，乔木上不可以没有藤蔓缠绕，人不能没有自己的兴趣爱好。

黄石闾说：“事到可传皆具癖”，说的正是这个道理。

孙松坪说：和峤的嗜好是钱，但是不能拿这个当借口。

第七则

春听鸟声，夏听蝉声，秋听虫声，冬听雪声。白昼听棋声，月下听箫声，山中听松声，水际听欸乃声[①]，方不虚生此耳。若恶少斥辱[②]，悍妻诟谇[③]，真不若耳聋也。

黄仙裳曰：此诸种声颇易得，在人能领略耳。

朱菊山曰：山老所居，乃城市山林，故其言如此。若我辈日在广陵城市中，求一鸟声，不啻如凤凰之鸣[④]，顾可易言耶？

释中洲曰：昔文殊选二十五位圆通，以普门耳根为第一[⑤]。今心斋居士耳根不减普门，吾他日选圆通，自当以心斋为第一矣。

张竹坡曰：久客者[⑥]，欲听儿辈读书声，了不可得。

张迂庵曰：可见对恶少、悍妻，尚不若日与禽虫周旋也[⑦]。又曰：读此方知先生耳聋之妙。

【注释】

①欸乃（ǎi nǎi）：摇橹声，也指棹歌，划船时歌唱之声，也泛指歌声悠扬。②斥辱：呵斥辱骂。③诟谇（suì）：辱骂。④不啻（chì）：如同，不异于。⑤圆通：意思就是“明白”“开窍”。普门：普摄一切众生的广大圆融的法门。耳根：佛教语，六根之一。⑥久客者：久居于外乡的人。⑦尚：还。不若：不及，不比。

【译文】

春天听鸟鸣声，夏天听蝉叫的声音，秋天听虫子唧唧的声音，冬天听雪簌簌落下的声音。白天听下棋的声音，月光下听吹箫的声音，在大山中听风吹松树的沙沙声音，水边听摇橹的声音，这才算没白长了这双耳朵。假如听到的是无赖少年的呵斥辱骂声，彪悍妇女的诟骂，还真不如耳聋的好。

黄仙裳说：这些声音都很容易听到，在于人能否领略到而已。

朱菊山说：山老所居住的地方是城市中的山林，因此能说出这样的话。像我们这些人一样每天生活在扬州城中，想听到一声鸟叫声，无异于想听到凤凰的叫声，还能这么容易说出这样的话吗？

释中洲说：从前文殊菩萨从二十五位圣人不同的圆通法门中，选观音菩萨的耳根圆通法门为第一位。如今心斋居士的耳根不比观音菩萨差，我将来要选圆通法门，肯定要把心斋排在第一位。

张竹坡说：久居他乡的人，想听一听孩子们的读书声，都听不到。

张迂庵说：可见面对恶劣的少年和彪悍的妇人，还不如每天与禽类和虫儿们相伴。又说：读到这里，才知道先生所说的耳聋的妙处。

第八则

上元须酌豪友[①]，端午须酌丽友，七夕须酌韵友，中秋须酌谈友，重九须酌逸友。

朱菊山曰：我于诸友中，当何所属耶？

王武徵曰：君当在豪与韵之间耳。

王名友曰：维扬丽友多，豪友少，韵友更少，至于谈友、逸友，则削迹矣[②]。

张竹坡曰：诸友易得，发心酌之者为难能耳。

顾天石曰：除夕须酌不得意之友。

徐砚谷曰：惟我则不可酌耳。

尤谨庸曰：上元酌灯，端午酌彩丝，七夕酌双星，中秋酌月，重九酌菊，则吾友俱备矣。

【注释】

①上元：农历正月十五，元宵节。②削迹：销声匿迹。

【译文】

元宵节要和豪爽的朋友一起饮酒，端午节要和形容映丽的朋友共饮，七夕节要与风韵雅致的朋友共饮，中秋节要和善于清谈的朋友共饮，重阳节要和超凡脱俗的隐逸朋友对酌。

朱菊山说：在这些朋友中，我属于哪一种呢？

王武徵说：您应该介于豪友和韵友之间。

王名友说：维扬漂亮好看的朋友多，豪爽的朋友少，风韵雅致的朋友更少，至于擅长清谈、隐逸的朋友更是一个都没有。

张竹坡说：这些朋友容易交到，但是能发自内心地对酌却很难。

顾天石说：除夕应该和不得志的朋友对饮。

徐砚谷说：只有我不能跟朋友一起饮酒。

尤谨庸说：元宵节和花灯对酌，端午节和五彩丝线对酌，七夕节和牛郎织女双星对饮，中秋节与月亮共饮，重阳节和菊花对饮，那么我的这几种朋友就都具备了。

第九则

鳞虫中金鱼[①]，羽虫中紫燕，可云物类神仙。正如东方曼倩避世金马门[②]，人不得而害之。

江含徵曰：金鱼之所以免汤镬者[③]，以其色胜而味苦耳。昔人有以重价觅奇特者，以馈邑侯[④]。邑侯他日谓之曰："贤所赠花鱼殊无味。”盖已烹之矣。世岂少削圆方竹杖者哉？

【注释】

①鳞虫：身上长有鳞片的动物，一般指鱼类。②东方曼倩：东方朔，字曼倩，西汉平原厌次人。东方朔性格诙谐，常谈笑于汉武帝前。金马门：汉代宫门名，东方朔曾待诏于此。③镬（huò）：古代的大锅。④邑侯：古代县令。

【译文】

鱼类中的金鱼，禽类中的紫燕，可以说是同类动物中的神仙。就像东方朔那样避世于皇宫金马门，别人加害不了他一样。

江含徵说：金鱼之所以能够不被人烹煮，只不过是因为它颜色艳丽味道苦涩而已。曾经有人出高价寻找特别的金鱼，并把它赠送给县令，县令后来对他说：“您所赠送的漂亮金鱼没有味道。”看来已经把金鱼烹煮吃掉了。世上怎么会少了把方竹杖削圆的人呢？

第十则

入世须学东方曼倩，出世须学佛印了元[①]。

江含徵曰：武帝高明喜杀，而曼倩能免于死者，亦全赖吃了长生酒耳。

殷日戒曰：曼倩诗有云：“依隐玩世，诡时不逢[②]。”以其所以免死也。

石天外曰[③]：入得世，然后出得世。入世、出世打成一片，方有得心应手处。

【注释】

①佛印了元：佛印禅师，宋代云门宗僧，名了元，与苏轼常有唱酬。②诡：相反。③石天外：即石庞。

【译文】

现今融入社会要学习东方朔，隐匿出家要学习佛印了元。

江含徵说：汉武帝位高权重喜欢杀戮，而东方朔却能够避免被杀，也全靠他吃了长生酒而已。

殷日戒说：东方朔的诗中说：“以出世的态度看待朝廷中的事

情，虽然有悖于时势，却可以免祸。”他是靠这个才免于被杀害。

石天外说：能入世，又能出世，在入世、出世间圆融通达，才能够达到得心应手的境地。

第十一则

赏花宜对佳人，醉月宜对韵人，映雪宜对高人。

余淡心曰：花即佳人，月即韵人，雪即高人。既已赏花醉月映雪，即与对佳人、韵人、高人无异也。

江含徵曰：若对此君仍大嚼，世间那有扬州鹤①？

张竹坡曰：聚花、月、雪于一时，合佳、韵、高为一人，吾当不赏而心醉矣。

【注释】

①此君：古书词语，竹的代称。扬州鹤：出自南朝梁殷芸的《小说》一文：“有客相从，各言所志，或愿为扬州刺史，或愿多资财，或愿骑鹤上升。其一人曰‘腰缠十万贯，骑鹤上扬州’，欲兼三者。”就是说有几个人，聚而畅谈，各述其所愿，其一愿仕途得意，官至扬州刺史；其二愿财运亨通，腰缠万贯；其三愿得道成仙，驾鹤升天；其四则愿腰缠十万贯，驾鹤上扬州。以此观之，人心之不足亦可见一斑矣。因此后人便用“扬州鹤”来指代理想中的十全十美、称心如意的事物，或者不可实现的空想。

【译文】

赏花应该有佳人相伴，对月畅饮应该有雅致风韵的人共饮，赏雪应该与淡泊名利的隐者一起。

余淡心说：花就是佳人，月就是韵人，雪就是高人。既然已经赏花醉月映雪，就跟与佳人、韵人、高人相处没什么不同了。

江含徵说：就像对着竹子还能够大嚼特嚼地吃肉，这世上哪里有那么称心如意的事呢？

张竹坡说：当花、月、雪同时出现，佳、韵、高人合为一人，我不赏就会陶醉了。

第十二则

对渊博友，如读异书；对风雅友，如读名人诗文；对谨饬友[①]，如读圣贤经传；对滑稽友，如阅传奇小说。

李圣许曰：读这几种书，亦如对这几种友。

张竹坡曰：善于读书取友之言。

【注释】

①谨饬（jǐn chì）：小心谨慎。

【译文】

跟学识渊博的朋友共处，就像读一本不同寻常的奇书；和风流儒雅的朋友交流，就如同读名人诗文；与小心谨慎的朋友一起，就像读圣贤者的经典传记；跟滑稽风趣的朋友一起，就如同阅读一本情节新奇有趣的小说。

李圣许说：读这几种书，就像与这几种朋友共处。

张竹坡说：这是善于读书交友的人的言论。

第十三则

楷书须如文人，草书须如名将，行书介乎二者之间，如羊叔子缓带轻裘[①]，正是佳处。

程䛒老曰：心斋不工书法[②]，乃解作此语耶？

张竹坡曰：所以羲之必做右将军。

【注释】

①羊叔子：羊祜，字叔子，三国魏末西晋初泰山南城人。②工：善于，长于。

【译文】

写楷书就要如文人那般秀雅，淡泊从容，写草书则要有大将军的风范，行书则介于二者之间，就像羊祜那样从容不迫、缓带轻裘，这样才是恰到好处。

程䛒老说：心斋不擅长书法，却能有这样的领悟？

张竹坡说：所以王羲之必然要做右将军。

第十四则

人须求可入诗，物须求可入画。

龚半千曰：物之不可入画者，猪也，阿堵物也[1]，恶少年也。

张竹坡曰：诗亦求可见得人，画亦求可像个物。

石天外曰：人须求可入画，物须求可入诗，亦妙。

【注释】

①阿（ē）堵物：指钱，出自南朝宋人刘义庆《世说新语·规箴》："王夷甫雅尚玄远，常嫉其妇贪浊，口未尝言钱字。妇欲试之，令婢以钱绕床，不得行。夷甫晨起，见钱阂行，呼婢曰：'举却阿堵物。'"

【译文】

人应该具有能够写入诗中的风雅气质和高尚品格，物应该具有可以入画的美好形状。

龚半千说：物中不能够画入画中的，是猪、钱和品质恶劣的少年。

张竹坡说：诗也应该努力具备读诗见人的意境，画也应该能够看出画中的物品。

石天外说：人应努力具备入画的样貌，物应争取可写入诗中，也很妙。

第十五则

少年人须有老成之识见，老成人须有少年之襟怀。

江含徵曰：今之钟鸣漏尽、白发盈头者[1]，若多收几斛麦，便欲置侧室，岂非有少年襟怀耶？独是少年老成者少耳。

张竹坡曰：十七八岁便有妾，亦居然少年老成[2]。

李若金曰：老而腐板，定非豪杰。

王司直曰：如此方不使岁月弄人。

【注释】

①钟鸣漏尽：漏：滴漏，古代计时器。晨钟已经敲响，漏壶的水也将滴完。比喻年老力衰，已到晚年。也指深夜。盈：充盈，充满。②居然：俨然，形容很像。

【译文】

年轻人要有成熟开阔的见识，老年人要有年轻人的情怀。

江含徵说：现在时间生命已经耗尽、白发已经满头的人，如果多收几斛麦子，就想纳妾，难道不是拥有少年的襟怀吗？只是少年成熟稳重的人太少了。

张竹坡说：十七八岁就纳妾，也俨然是少年老成。

李若金说：老成但是腐朽刻板的人，一定不是豪杰。

王司直说：只有这样才不会被岁月影响。

第十六则

春者天之本怀①，秋者天之别调②。

石天外曰：此是透彻性命关头语③。

袁中江曰：得春气者④，人之本怀，得秋气者，人之别调。

尤悔庵曰：夏者天之客气，冬者天之素风⑤。

陆云士曰：和神当春⑥，清节为秋，天在人中矣。

【注释】

①怀：心意，胸怀。②调：人所蕴含或显露出来的风格、才情、气质、情调、格调等。③透彻：深入，完全了解。④得：获取，接受。⑤客气：一时的意气；偏激的情绪，也指烦躁的情绪。素风：纯朴的风尚，清高的风格。⑥和神：和悦心神。

【译文】

春天是大自然本来的面目，秋天是大自然的另一番格调。

石天外说：这是完全看透了生命真谛的话。

袁中江说：满怀春风，充满希望是人本就应该具备的情怀，超然潇洒风度翩翩，又是人的另一种风格。

尤悔庵说：夏天是大自然的一种烦躁、偏激的情绪，冬天是大自然的一种淳朴清高的风格。

陆云士说：和悦心神应当在春天，高洁的情操是秋天，而大自然就在人心中。

第十七则

昔人云："若无花月美人，不愿生此世界。"予益一语云[①]："若无翰墨棋酒[②]，不必定作人身。"

殷日戒曰：枉为人身生在世界者，急宜猛省[③]。

顾天石曰：海外诸国，决无翰墨棋酒。即有，亦不与吾同，一般有人[④]，何也？

胡会来曰：若无豪杰文人，亦不须要此世界。

【注释】

①予：同"余"，我。益：增加。②翰墨：义同"笔墨"，原指文辞。三国魏曹丕《典论·论文》："古之作者，寄身于翰墨，见意于篇籍。"后世亦泛指书法和中国画。③猛：非常，深入。④一般：一样，同样。

【译文】

曾经有人说："如果没有鲜花、明月和美人，就不愿意生在这个世界上。"我增加了一句话："如果没笔墨棋酒相伴，就不必非要托生为人了。"

殷日戒说：生在这个世界上却枉为人的人，急需深刻地反省。

顾天石说：海外的一些国家，绝对没有笔墨棋酒。即使有，也跟我们的不同，但是一样也有人生活在那里，为什么呢？

胡会来说：如果没有豪杰和文人，也不需要这个世界了。

第十八则

愿在木而为樗[①]不才，终其天年，愿在草而为蓍[②]前知，愿在鸟而为鸥忘机[③]，愿在兽而为廌[④]触邪，愿在虫而为蝶花间栩栩，愿在鱼而为鲲[⑤]逍遥游。

吴薗次曰[⑥]：较之《闲情》一赋[⑦]，所愿更自不同。

郑破水曰：我愿生生世世为顽石。

尤悔庵曰：第一大愿。又曰：愿在人而为梦。

尤慧珠曰：我亦有大愿，愿在梦而为影。

弟木山曰：前四愿皆是相反，盖前知则必多才[⑧]，忘机则不能触邪[⑨]也。

【注释】

①樗（chū）：臭椿，被认为是无用之材，从而得以存活。②蓍（shī）：多年生草本植物，全草可入药，茎、叶可制香料。古代用其茎占卜。③忘机：道家语，意为消除机巧之心。常用以指甘于淡泊，忘掉世俗，与世无争。④廌（zhì）：也作"獬豸（xiè zhì）"，古代传说中的异兽，能辨是非曲直。传说用它来辨别罪犯，它会攻击无理者使其离去。⑤鲲（kūn）：传说中的大鱼，生活在北边幽深的大海——北冥。⑥吴薗（yuán）次：吴绮，顺治九年（1652）拔贡，工诗词和骈文。⑦《闲情》：指陶渊明的《闲情赋》。⑧盖：因为，由于。⑨触邪：谓辨触奸邪。

【译文】

如果生为树木，则愿做一棵臭椿虽然没有什么用处，却能安享一生，如果生为草，则愿做一棵蓍草能够预知未来，若生为鸟，则愿做一只鸥鸟因为它逍遥自在、无忧无虑，如果生为兽类，则愿意做一只獬豸能够辨别是非曲直，如果生为昆虫，则愿做一只蝴蝶能够在花丛中翩翩起舞，如果生为鱼类，则愿意做一只鲲能够自由遨游。

吴薗次说：与《闲情赋》中所说的愿望相比，所希望的更加不同。

郑破水说：我愿生生世世做一块顽石。

尤悔庵说：第一大愿望。又说：愿意在人中而做梦。

尤慧珠说：我也有大愿望，愿在梦中而为影子。

弟木山说：前四个愿望都是彼此相反的，因为能够预知未来则必然非常有才能，没有心机就无法辨别奸邪。

第十九则

黄九烟先生云："古今人必有其偶双[①]，千古而无偶者，其惟盘古乎！”予谓盘古亦未尝无偶，但我辈不及见耳。其人为谁？即此劫尽时最后一人是也。

孙松坪曰：如此眼光，何啻出牛背上耶[②]？

洪秋士曰：偶亦不必定是两人，有三人为偶者，有四人为偶者，有五六七八人为偶者。是又不可不知。

【注释】

①偶双：与之相对，可以并举的人。②牛背上：有远见，比一般人要有眼光。

【译文】

黄九烟先生说："无论古代还是现代的人都有自己匹配的对象，自古以来没有合适匹配对象的人，只有盘古！"我认为："盘古也不一定没有可以匹配的对象，只是我们这些人无法见到而已。这个人是谁？就是这一劫难过后，剩下的最后一个人。"

孙松坪说：这样的眼光，比普通人高出何止一点？

洪秋士说：相配对象也不一定是两人，有三人匹配的，有四人匹配的，有五六七八人匹配的。这又不可不了解。

第二十则

古人以冬为三余[①]，予谓当以夏为三余：晨起者夜之余，夜坐者昼之余，午睡者应酬人事之余。古人诗云："我爱夏日长。"洵不诬也[②]。

张竹坡曰：眼前问冬夏皆有余者，能几人乎？

张迂庵曰：此当是先生辛未年以前语[③]。

【注释】

①三余：剩下的，多出来的，古代指空出来的时间，挤出来的零碎时间。②洵：诚实，实在。③辛未年：古代干支纪年法中的一年，由天干里的"辛"和地支里的"未"组成，属于羊年。这里指康熙三十年（1691），此前张潮曾出仕。

【译文】

古人认为冬天是三余之一，我却认为夏天应该是三余：早晨是夜晚的剩余时间，夜晚坐着的时候是白天的剩余时间，中午睡觉的时候是人际应酬剩余的时间。古人的诗中说“我爱夏日长”，真是没有说错。

张竹坡说：现在问一问冬天夏天都有空闲的，能有几个人？

张迂庵说：这些应该是先生辛未年以前说的话。

第二十一则

庄周梦为蝴蝶，庄周之幸也；蝴蝶梦为庄周，蝴蝶之不幸也。

黄九烟曰：惟庄周乃能梦为蝴蝶[①]，惟蝴蝶乃能梦为庄周耳。若世之扰扰红尘者，其能有此等梦乎？

孙恺似曰：君于梦之中，又占其梦耶？

江含徵曰：周之喜梦为蝴蝶者，以其入花深也[②]。若梦甫酣而乍醒，则又如嗜酒者梦赴席，而为妻惊醒，不得不痛加诟谇矣。

张竹坡曰：我何不幸而为蝴蝶之梦者！

【注释】

①乃：才。②入：专注，有浓厚兴趣。

【译文】

庄周梦中自己化为蝴蝶，这是庄周的幸运；蝴蝶在梦中变成庄周，这是蝴蝶的不幸。

黄九烟说：只有庄周才能梦中化为蝴蝶，也只有蝴蝶才能梦中化作庄周。如果是世间的凡夫俗子，他能有这样的梦吗？

孙恺似说：您在梦中又占卜了庄周的梦吗？

江含徵说：庄周高兴在梦中化作蝴蝶，是因为梦中的蝴蝶已经在花丛中翩翩起舞。如果刚刚进入梦乡而突然醒来，那就犹如嗜酒的人梦见去赴宴，却突然被妻子惊醒，那肯定会动怒而辱骂妻子。

张竹坡说：我为什么如此不幸而成为蝴蝶之所梦者！

第二十二则

艺花可以邀蝶[1]，累石可以邀云[2]，栽松可以邀风，贮水可以邀萍，筑台可以邀月，种蕉可以邀雨，植柳可以邀蝉。

曹秋岳曰：藏书可以邀友。

崔莲峰曰：酿酒可以邀我。

尤艮斋曰：安得此贤主人？

尤慧珠曰：贤主人非心斋而谁乎？

倪永清曰：选诗可以邀谤。

陆云士曰：积德可以邀天，力耕可以邀地，乃无意相邀而若邀之者，与邀名邀利者迥异。

庞天池曰：不仁可以邀富。

【注释】

①艺：种植。邀：邀请，这里指招来，引来。②累：堆积。

【译文】

种花可以引来蝴蝶，堆积石头可以邀来白云，栽种松树可以引来徐徐清风，蓄水可以引来随波逐流的浮萍，筑造高台可以邀来明月当空，种植芭蕉会有小雨飘洒而下，种植柳树则可引来蝉栖息于枝头。

曹秋岳说：藏书可以招来朋友。

崔莲峰说：酿酒可以引来我。

尤艮斋说：怎样才能得到这样潇洒贤德的主人呢？

尤慧珠说：贤主人除了心斋还能有谁？

倪永清说：选诗可以招来诽谤。

陆云士说：积德行善可以邀来上天庇佑，努力劳作就能有好的土地，不是有意引来而却像相邀才来的，与邀名邀利有很大的不同。

庞天池说：无仁厚之德可以引来富贵。

第二十三则

景有言之极幽而实萧索者[1]，烟雨也；境有言之极雅而实难堪者，贫病也；声有言之极韵而实粗鄙者，卖花声也。

谢海翁曰：物有言之极俗而实可爱者，阿堵物也。

张竹坡曰：我幸得极雅之境。

【注释】

①言：说，说的话。

【译文】

景色有说起来非常幽静而实际上萧条的，是烟雾蒙蒙的细雨；处境有说起来非常风雅而实际上非常令人难以忍受的，是贫穷与疾病；声音有听起来非常有韵味但是实际上很粗俗的，是卖花声。

谢海翁说：物品中有说起来很俗但是实际上很可爱的，是钱。

张竹坡说：我有幸处于非常雅致的境况。

第二十四则

才子而富贵，定从福慧双修得来[1]。

冒青若曰：才子富贵难兼，若能运用富贵，才是才子，才是福慧双修。世岂无才子而富贵者乎？徒自贪着[2]，无济于人，仍是有福无慧。

陈鹤山曰：释氏云："修福不修慧，象身挂璎珞[3]。修慧不修福，罗汉供应薄。"正以其难兼耳。山翁发为此论，直是夫子自道。

江含徵曰：宁可拼一副菜园肚皮，不可有一副酒肉面孔。

【注释】

①福慧：福德与智慧。②徒：只，仅仅。贪着：贪恋，贪嗜。③释氏：佛姓，释迦的略称。亦指佛或佛教。璎珞（yīng luò）：原为古代印度佛像颈间的一种装饰，由世间众宝所成。

【译文】

有才干并且身家富贵，一定是同时修行了福德与智慧。

冒青若说：才子和富贵很难兼得，如果能恰到好处地运用富贵，才是真的才子，才是福德与智慧同修。世上难道没有既是才子又富贵的人吗？仅仅是贪恋富贵，而不接济他人，仍然是有福德而没有智慧。

陈鹤山说：佛说："修福德不修智慧，就像大象身上挂着璎珞。修智慧不修福德，就像阿罗汉布只得到很少的布施。"正因为两者难兼得。山翁有这样的言论，简直是自己说自己。

江含徵说：宁可拼命保持一副清贫的菜园肚皮，也不可以有一副贪婪的酒肉面孔。

第二十五则

新月恨其易沉，缺月恨其迟上。

孔东塘曰：我唯以月之迟早为睡之迟早耳。

孙松坪曰：第勿使浮云点缀尘滓太清[①]，足矣。

冒青若曰：天道忌盈，沉与迟，请君勿恨。

张竹坡曰：易沉迟上，可以卜君子之进退。

【注释】

①第：只要。尘滓：细小的尘灰渣滓。

【译文】

新月令人遗憾它落下得太早，残月令人遗憾它升上来得太迟。

孔东塘说：我只以月亮升起落下的早晚来判断睡觉的早晚而已。

孙松坪说：只要不让浮云的点缀污染天空，就足够了。

冒青若说：大自然忌恨完美无缺的事物，因此早早落下与延迟升起，就请不要遗憾了。

张竹坡说：月亮的容易落下和推迟升起，可以用来预料君子的进退。

第二十六则

躬耕吾所不能[①]，学灌园而已矣；樵薪吾所不能[②]，学薙草而已矣[③]。

汪扶晨曰：不为老农而为老圃[④]，可云半个樊迟[⑤]。

释菌人曰：以灌园、薙草自任自待，可谓不薄。然笔端隐隐有“非其种者锄而去之”之意。

王司直曰：予自名为识字农夫，得无妄甚？

【注释】

①躬耕：亲自耕种田地，进行农业劳作。②樵（qiáo）薪：砍柴。③薙（tì）草：除草。④老圃：指有经验的花农。⑤樊迟：即樊须，字子迟。孔子的学生之一。兴趣广泛，除学道德、文章，还曾向孔子问“学稼”和“学为圃”，受到孔子的斥责。

【译文】

我做不到亲自耕地种田，学习一下浇灌园子而已；伐薪砍柴我也做不到，学学锄草而已。

汪扶晨说：不做种地的农民，而做有经验的花农，可以算作半个樊迟。

释菌人说：把自己的行为看成是灌园、锄草，可以说不是妄自菲薄。然而这字里行间却隐隐有一种“不是我种的，我就要锄掉”的意思。

王司直说：我自名为“识字农夫”，应该不算太狂妄吧？

第二十七则

一恨书囊易蛀[①]，二恨夏夜有蚊，三恨月台易漏[②]，四恨菊叶多焦[③]，五恨松多大蚁，六恨竹多落叶，七恨桂荷易谢[④]，八恨薜萝藏虺[⑤]，九恨架花生刺[⑥]，十恨河豚多毒。

江药庵曰：黄山松并无大蚁，可以不恨。

张竹坡曰：安得诸恨物尽有黄山乎？

石天外曰：予另有二恨：一曰才人无行，二曰佳人薄命。

【注释】

①书囊：盛书籍的袋子。②月台：古人为赏月而筑的台。另外，三面有台阶、正殿前方突出的台也叫月台。③焦：干枯。④桂荷：兰花的一个品种，墨兰。⑤薜（bì）：萝：薜荔和女萝。两者皆野生植物，常攀缘于山野林木或屋壁之上。虺（huǐ）：毒蛇。⑥架花：在搭的架子上生长的攀援类的花。

【译文】

第一遗憾的是装书籍的袋子容易被虫蛀坏，第二遗憾的是夏天晚上有很多蚊子，第三遗憾的是赏月之台容易漏坏，第四遗憾的是菊花美但是叶子容易干枯，第五遗憾的是松树上有很多大蚂蚁，第六遗憾的是竹子落叶太多，第七遗憾的是墨兰花容易凋谢，第八遗憾的是薜荔和女萝中经常藏匿毒蛇，第九遗憾的是架上的花都有刺，第十遗憾的是河豚有剧毒。

江药庵说：黄山松并没有大蚂蚁，可以不用遗憾。

张竹坡说：你怎么能让这些你有所遗憾的东西都长在黄山上呢？

石天外说：我还有另外两个遗憾：一个是有才干的人却没有高尚的品质，二是佳人命运不好。

第二十八则

楼上看山，城头看雪，灯前看月，舟中看霞，月下看美人，另是一番情境。

江允凝曰：黄山看云，更佳。

倪永清曰：做官时看进士，分金处看文人。

毕右万曰：予每于雨后看柳，觉尘襟俱涤[①]。

尤谨庸曰：山上看雪，雪中看花，花中看美人，亦可。

【注释】

①尘襟：世俗的胸襟。涤：涤荡。

【译文】

在楼上看山，在城头上看白雪飘飘，在灯前看月亮，在船上看彩霞，月光下看美人，另有一种意境。

江允凝说：黄山上看云，更好。

倪永清说：做官的时候看进士的志向，分金钱财物的时候看文人的品行。

毕右万说：我每次都是雨后看垂柳，觉得世俗的胸襟都被涤荡了。

尤谨庸说：在山上看雪，在雪中看花，在花中看美人，也不错。

第二十九则

山之光，水之声，月之色，花之香，文人之韵致，美人之姿态，皆无可名状，无可执著，真足以摄召魂梦[①]，颠倒情思[②]。

吴街南曰：以极有韵致之文人，与极有姿态之美人，共坐于山水花月间，不知此时魂梦何如？情思何如？

【注释】

①摄召魂梦：能够招人魂魄，入人梦境，比喻对某事某物魂牵梦绕。②颠倒情思：心情忐忑，情思难表。

【译文】

山的光影，流水的声音，月亮的颜色，花朵的芬芳，文人的风度韵味，美人的容貌神态，都无法用语言来描述，也不是执着地追求所能体会的，但是这些能够让人魂牵梦绕，刻骨铭心而念念不忘。

吴街南说：如果让最有风度韵味的文人和神态容貌都俱佳的美人，共同坐在山水花月之间，那么不知道这时候魂梦如何？情思怎样？

第三十则

假使梦能自主，虽千里无难命驾[①]，可不羡长房之缩地[②]；

死者可以晤对[③]，可不需少君之招魂[④]；五岳可以卧游，可不俟婚嫁之尽毕[⑤]。

黄九烟曰：予尝谓鬼有时胜人，正以其能自主耳。

江含徵曰：吾恐“上穷碧落下黄泉，两地茫茫皆不见”也[⑥]。

张竹坡曰：梦魂能自主，则可一生死[⑦]，通人鬼，真见道之言也。

【注释】

①无难命驾：无难，没有困难。命驾，命人驾车马，指立即动身。②长房：费长房，东汉汝南（今河南上蔡西南）人。传说从壶公入山学仙，未成，辞归。能医重病，鞭笞百鬼，驱使社公。一日之间，人见其在千里之外者数处，因称其有缩地术。后因失其符，为众鬼所杀。事见《后汉书·方术列传》。缩地：传说中化远为近的神仙之术。③晤对：会面交谈。④少君：应为“少翁”，即李少翁，汉武帝时方士，汉武帝宠爱的王夫人（一说为李夫人）去世后，他曾为汉武帝招其魂魄。⑤俟（sì）：等待。⑥穷碧落下黄泉，两地茫茫皆不见：出自白居易的《长恨歌》，寻遍天涯海角都找不到的意思。⑦一生死：视死和生如一物。

【译文】

如果梦境能够自主，纵然是相聚千里有任何困难也驾车前去，那就不用再羡慕费长房的缩地术了；如果能和死去的人会面交谈，就不再需要李少翁的招魂术了；如果五大名山可以躺着畅游，那就不用等到婚嫁的事全都办完后再出行了。

黄九烟说：我曾经说鬼有的时候比人强，就是因为他能够自己做主。

江含徵说：我只恐怕“上穷碧落下黄泉，两地茫茫皆不见”。

张竹坡说：梦境中的魂魄能够自己做主，那么就可以把生与死看作一物，可以在人鬼之间来往。这真是领悟了大道的言语啊。

第三十一则

昭君以和亲而显[①]，刘蕡以下第而传[②]，可谓之不幸，不可谓之缺陷。

江含徵曰：若故折黄雀腿而后医之，亦不可。

尤悔庵曰：不然，一老宫人，一低进士耳。

【注释】

①显：传扬，显扬。②刘蕡（fén）：字去华，唐文宗时，他论宦官之害，考官因此不敢取他。下第：科举时代考试不中。传：流传。

【译文】

王昭君因为远嫁边塞和亲而出名，刘蕡因为落榜而被后人流传，可以说他们命运不幸，但是不能说是他们的缺陷。

江含徵说：如果故意弄断黄雀的腿然后再医治它，也不可以。

尤悔庵说：如果不是这样，那他们也就是一个老宫女，和一个名不见经传的进士。

第三十二则

以爱花之心爱美人，则领略自饶别趣；以爱美人之心爱花，则护惜倍有深情。

冒辟疆曰[1]：能如此，方是真领略、真护惜也。

张竹坡曰：花与美人何幸，遇此东君！

【注释】

①冒辟疆：冒襄，字辟襄，号巢民，明末清初人。

【译文】

用爱护鲜花的心意去爱护美人，那就会领略到另外一番趣味；用爱护美人的心意去爱护花朵，那么爱护珍惜的深情自然会加倍。

冒辟疆说：能够这样，才是真的领悟、真的爱护珍惜。

张竹坡说：花和美人是多么幸运，能够遇到这样的主人！

第三十三则

美人之胜于花者，解语也[1]；花之胜于美人者，生香也。二者不可得兼，舍生香而取解语者也。

王勿翦曰：飞燕吹气若兰[2]，合德体自生香，薛瑶英肌肉皆香[3]，则美人又何尝不生香也。

【注释】

①解语：会说话，领会。②飞燕：即赵飞燕，西汉成帝的第二任皇后。下面的合德，即赵飞燕之妹，也被汉成帝宠幸。③薛瑶英：唐朝宰相元载的宠妾。肌肉：肌肤，皮肉。

【译文】

美人胜过鲜花，是因为美人通言语，能领会人的意思；鲜花胜过美人，是因为它能够散发香气。两者不能够同时获得，那就舍弃能够散发香气的鲜花而选能够进行交流的美人。

王勿翦说：赵飞燕呼出的气息犹如兰花般芬芳，赵合德的身体生下来就散发着香气，薛瑶英从肌肤到内在都散发着香气，那么美人又何尝不能散发芬芳！

第三十四则

窗内人于窗纸上作字，吾于窗外观之，极佳。

江含徵曰：若索债人于窗外纸上画，吾且望之却走矣。

【译文】

屋子里的人在窗户纸上写字，我在窗户外面看着，非常美妙。

江含徵说：如果是讨债的人在窗户外面的纸上画字，我看见了恐怕会赶紧避开。

第三十五则

少年读书，如隙中窥月；中年读书，如庭中望月；老年读书，如台上玩月。皆以阅历之浅深，为所得之浅深耳。

黄交三曰：真能知读书痛痒者也。

张竹坡曰：吾叔此论，直置身广寒宫里，下视大千世界，皆清光似水矣。

毕右万曰：吾以为学道亦有浅深之别。

【译文】

年少的时候读书，就像在缝隙中看天上的月亮；中年的时候读书，就像在庭院中仰望明月；年老的时候读书，就像站在天台上赏玩明月。这些都是因为人的阅历深浅不同，所以读书时领悟到的知识深浅也不同。

黄交三说：这才是真正知道读书要紧之处的人。

张竹坡说：我叔叔的这番言论，是置身在广寒宫里，俯视下面的大千世界，都是清美的光彩和如水的景象。

毕右万说：我认为学道也有深浅之别。

第三十六则

吾欲致书雨师：春雨宜始于上元节后观灯已毕，至清明十日前之内雨止桃开及谷雨节中；夏雨宜于每月上弦之前及下弦之后免碍于月；秋雨宜于孟秋、季秋之上下二旬①八月为玩月胜境；至若三冬②，正可不必雨也。

孔东塘曰：君若果有此牍，吾愿作致书邮也③。

余生生曰：使天而雨粟，虽自元旦雨至除夕，亦未为不可。

张竹坡曰：此书独不可致于巫山雨师。

【注释】

①孟秋：秋季的第一个月，即农历七月。季秋：秋季的最后一个月，农历九月。②三冬：冬天。③牍：古代写字用的竹片，指书信。致书邮：送信的人。

【译文】

我想要给掌管雨的神仙写信：春雨应该在上元节以后开始下那时候已经看完花灯，到清明前十天之内结束正好雨停了桃花就开了，到谷雨节中；夏雨适合每月上弦月之前，以及下玄月之后以免影响赏月；秋雨适合在七月、九月的上旬下旬因为八月是赏月的最好的时间；至于冬天，正好就可以不用下雨了。

孔东塘说：您如果有这样的信，我愿意给您当送信人。

余生生说：如果天上下稻谷雨，即使从元旦下到除夕，也可以。

张竹坡说：这封信唯独不能寄给巫山雨师。

第三十七则

为浊富[1]，不若为清贫；以忧生，不若以乐死。

李圣许曰：顺理而生，虽忧不忧；逆理而死，虽乐不乐。

吴野人曰：我宁愿为浊富。

张竹坡曰：我愿太奢，欲为清富，焉能遂愿！

【注释】

①浊富：不义而富。

【译文】

做一个不仁不义的富人，不如做一个有气节的穷人；忧心苦闷地活着，不如快乐地死去。

李圣许说：顺应天道活着，即使身忧也不会心忧；逆天理而死，即使痛快也不会快乐。

吴野人说：我宁愿做一个不义的富人。

张竹坡说：我的愿望太奢侈了，我想做一个有气节的富人，如何能如愿！

第三十八则

天下唯鬼最富，生前囊无一文，死后每饶楮镪[1]；天下唯鬼最尊，生前或受欺凌，死后必多跪拜。

吴野人曰：世于贫士，辄目为穷鬼[2]，则又何也？

陈康畴曰：穷鬼若死，即并称尊矣。

【注释】

①楮镪（chǔ qiǎng）：指祭供时焚化用的纸钱。②辄：就，总是。目：看，视。

【译文】

这天底下唯有鬼最富有，活着的时候口袋里没有一分钱，死后每每会被供给很多的纸钱；天底下唯有鬼最尊贵，活着的时候或许会遭受欺辱，死后却被很多人跪拜。

吴野人说：世上的穷书生，就被人看作穷鬼，那又是什么缘故呢？

陈康畴说：穷鬼死了，也会变尊贵。

第三十九则

蝶为才子之化身，花乃美人之别号[①]。

张竹坡曰："蝶入花房香满衣"，是反以金屋贮才子矣[②]。

【注释】

①别号：指中国古代人于名字之外的别称。②贮：贮藏，储存。

【译文】

蝴蝶是才子的化身，花是美人的另一种称呼。

张竹坡说："蝶入花房香满衣"，是反过来用金屋来藏才子。

第四十则

因雪想高士，因花想美人，因酒想侠客，因月想好友，因山水想得意诗文。

弟木山曰：余每见人一长一技，即思效之；虽至琐屑，亦不厌也。大约是爱博而情不专。

张竹坡曰：多情语，令人泣下。

尤谨庸曰：因得意诗文想心斋矣。

李季子曰：此善于设想者。

陆云士曰：临川谓"想内成，因中见"[①]，与此相发。

【注释】

①临川：地名，这里指汤显祖，明代著名戏曲家，著有《紫钗记》《牡丹亭》《邯郸记》《南柯记》，合称"临川四梦"。

【译文】

看到雪便想到高尚脱俗的隐士，看到花就想到美人，看到酒就想到侠客，看到月亮就想到好友，看到山水美景就想到最得意的诗文。

弟木山说：我每看到别人的一个长处一种绝技，就想学习效仿；即使非常烦琐，也不会厌烦。大概是爱好广泛却不专一吧。

张竹坡说：多情的语言，使人落泪。

尤谨庸说：因为得意诗文，想到心斋。

李季子说：这是善于设想的人。

陆云士说：汤显祖说："想内成，因中见"，与这个有相同的感悟。

第四十一则

闻鹅声如在白门[①]，闻橹声如在三吴[②]，闻滩声如在浙江[③]，闻骡马项下铃铎声，如在长安道上。

聂晋人曰：南无观世音菩萨摩诃萨[④]！

倪永清曰：众音寂灭时[⑤]，又作么生话会。

【注释】

①白门：南京的别名。六朝皆都建康，其正南门为宣阳门，俗称白门，故名。②三吴：指的是东晋南朝最为重要的地理范围。有狭义的和广义的两种。狭义指的是吴、吴兴、会稽三郡，会稽为三吴的核心。而广义除吴、吴兴、会稽三郡外，还包括了其他一些郡。③浙江：钱塘江的古称。④摩诃萨：佛教用语。摩诃萨乃摩诃萨陀或摩诃萨埵的简称，乃有情众生之义，指有作佛之大心愿的众生，亦即大菩萨。⑤寂灭：涅槃，这里指灭绝，消逝。

【译文】

听到鹅叫声就好像身处南京；听到摇橹声，就好像在三吴；听到水激滩石发出的声音就好像身在浙江；听到骡马脖子下的铃铛响，就好像走在了长安的大道上。

聂晋人说：南无观世音菩萨摩诃萨！

倪永清说：众音寂灭时，又怎么发起话会？

第四十二则

一岁诸节，以上元为第一，中秋次之，五日、九日又次之[①]。

张竹坡曰：一岁当以我畅意日为佳节。

顾天石曰：跻上元于中秋之上，未免尚耽绮习[②]。

【注释】

①五日：指农历五月初五，端午节。九日：九月初九，重阳节。②耽：沉溺，入迷。绮习：浮艳的风习。

【译文】

一年当中的这些节日，应该把元宵节排在第一位，中秋节第二，端午节、重阳节又在后面。

张竹坡说：一年当中应该以我最开心的那天为最好的节日。

顾天石说：把元宵节排在中秋节之上，未免有些沉迷于浮艳风习。

第四十三则

雨之为物，能令昼短，能令夜长。

张竹坡曰：雨之为物，能令天闭眼，能令地生毛，能为水国广封疆[①]。

【注释】

①水国：多河流、湖泊的地区。封疆：分封土地的疆界。

【译文】

雨是这样一种东西，它能够让白天变短，夜晚变长。

张竹坡说：雨是这种东西，它能让老天闭眼，能使大地长出草本，能让水国拓展疆域。

第四十四则

古之不传于今者，啸也、剑术也、弹棋也、打毬也[①]。

黄九烟曰：古之绝胜于今者，官妓、女道士也[②]。

张竹坡曰：今之绝胜于古者，能吏也、猾棍也、无耻也[③]。

庞天池曰：今之必不能传于后者，八股也。

【注释】

①啸：撮口作声。弹棋：古代汉族棋类游戏。打毬：蹴鞠，古代的一种踢球游戏。②官妓：古代入乐籍的女妓。③猾棍：奸猾的恶人。

【译文】

古代没有流传到现在的，有长啸、剑术、弹棋、蹴鞠。

黄九烟说：古代绝对胜过现在的有：官妓和女道士。

张竹坡说：现在远胜于古代的有：能干的官吏、奸猾的恶人、无耻的人。

庞天池说：当今必定不能传给后人的是八股文。

第四十五则

诗僧时复有之[①]，若道士之能诗者，不啻空谷足音[②]，何也？

毕右万曰：僧道能诗，亦非难事。但惜僧道不知禅玄耳[③]。

顾天石曰：道于三教中原属第三，应是根器最钝人做，那得会诗？轩辕弥明[④]，昌黎寓言耳[⑤]。

尤谨庸曰：僧家势利第一，能诗次之。

倪永清曰：我所恨者，辟谷之法不传[⑥]。

【注释】

①时：经常。复：很多，不止一个。②空谷足音：在寂静的山谷里听到脚步声。比喻极难得到的音信、言论或来访。③玄：深奥。④轩辕弥明：人名，唐代衡山道士。⑤昌黎：即韩愈，字退之，唐代文学家，他居住在颍川，常常据先世郡望自称昌黎人，后人便以此称呼他为昌黎先生。⑥辟谷：古代的一种养生方式。

【译文】

能够作诗的和尚时常有，但是道士能够作诗，无异于在空旷的山谷中听到脚步声，非常罕见，为什么呢？

毕右万说：和尚道士能作诗，并不是什么难事。只是可惜他们不懂得禅的深奥与玄妙之处。

顾天石说：道教在三教中排第三，应该是禀赋最愚钝的人才做道士的，哪能会作诗呢？轩辕弥明会作诗，这只是韩愈寓言里写的罢了。

尤谨庸说：僧家势利排第一，能作诗在其次。

倪永清说：我所遗憾的是辟谷养生法没有流传下来。

第四十六则

当为花中之萱草[①]，毋为鸟中之杜鹃[②]。

【注释】

①萱草：多年生草本，根状茎粗短，具肉质纤维根，多数膨大呈窄长纺锤形，别名黄花菜、金针菜等。古人认为此草可使人忘忧，因此称其为忘忧草。②杜鹃：春末夏初时节，啼鸣哀切。相传为古蜀王杜宇之灵魄所化，所以又叫杜宇，或者子规。

【译文】

做花中见之令人忘记忧愁的萱草，不做鸟中闻声让人掉泪的杜鹃。

第四十七则

物之稚者皆不可厌[①]，惟驴独否。

黄略似曰：物之老者皆可厌，惟松与梅则否。

倪永清曰：惟癖于驴者，则不厌之。

【注释】

①稚：幼小。

【译文】

幼小的动物都不会令人讨厌，但是驴除外。

黄略似说：物中的苍老者都令人讨厌，但是松树和梅花除外。

倪永清说：只有爱好驴的人，才不讨厌它。

第四十八则

女子自十四五岁至二十四五岁，此十年中，无论燕秦吴越[①]，其音大都娇媚动人。一睹其貌，则美恶判然矣。“耳闻不如目见”，于此益信。

吴听翁曰：我向以耳根之有余，补目力之不足。今读此，乃知卿言亦复佳也。

江含徵曰：帘为妓衣，亦殊有见[②]。

张竹坡曰：家有少年丑婢者，当令隔屏私语、灭烛侍寝，何如？

倪永清曰：若逢美貌而声恶者，又当如何？

【注释】

①燕秦吴越：燕指河北一带，秦是陕西一带，吴是指苏州一带，越是指浙江一带，泛指全国各地。②殊：特别。

【译文】

女子从十四五岁到二十四五岁，这十年中，不论在燕、秦、吴、越哪个地方，她们的声音大多数都娇媚动听。一旦看到她们的样子，就能分出美丑。由此我更加相信“耳闻不如目见”。

吴听翁说：我向来用耳朵听到的来弥补眼睛所能见的不足。如今读到这里，才知道您说得也非常对。

江含徵说：帘为妓衣，也是非常独到的见解。

张竹坡说：家里有年少但是丑陋的婢女，应当让她隔着屏风说话，吹了灯侍寝，怎么样？

倪永清说：那如果碰到美貌但是声音难听的人，又该怎么办？

第四十九则

寻乐境，乃学仙；避苦趣，乃学佛。佛家所谓“极乐世界”者，盖谓众苦之所不到也。

江含徵曰：着败絮行荆棘中，固是苦事；彼披忍辱铠者[①]，亦未得优游自到也。

陆云士曰：空诸所有，受即是空，其为苦乐，不足言矣。故学佛优于学仙。

【注释】

①忍辱铠：袈裟的别名。谓忍辱能防一切外难，故以铠甲为喻。

【译文】

想要寻找享乐的地方，就学神仙术；想要逃避痛苦和无趣，就去学习佛法。佛家所说的“极乐世界”，大约就是说没有苦难的地方。

江含徵说：穿着破败的棉衣在荆棘中行走，固然是一件痛苦的事情；那些披着忍辱铠甲即袈裟的佛门中人，也没有达到逍遥自在的境界。

陆云士说：目空这一切，那么忍受的就是空虚，所谓的苦和乐，就更微不足道了。因此学佛法比学仙术要好。

第五十则

富贵而劳悴[①]，不若安闲之贫贱；贫贱而骄傲，不若谦恭之富贵。

曹实庵曰：富贵而又安闲，自能谦恭也[②]。

许师六曰：富贵而又谦恭，乃能安闲耳。

张竹坡曰：谦恭安闲，乃能长富贵也。

张迂庵曰：安闲乃能骄傲，劳悴则必谦恭。

【注释】

①劳悴：因辛劳过度而致身体衰弱。②谦恭：谦逊恭谨。

【译文】

富贵却过度辛劳，不如贫贱而安稳闲适；贫贱还骄傲，不如谦逊恭谨而富贵。

曹实庵说：富贵而且又安然自在，自然能够谦逊恭谨。

许师六说：富贵而且谦逊恭谨，才能安然闲适。

张竹坡说：谦逊恭谨而且安然自在，才能长长久久地富贵。

张迂庵说：安然闲适才能骄傲，辛劳憔悴则必然谦逊恭谨。

第五十一则

目不能自见，鼻不能自嗅，舌不能自舐，手不能自握，惟耳能自闻其声。

弟木山曰：岂不闻“心不在焉，听而不闻”乎？兄其诳我哉[①]。

张竹坡曰：心能自信。

释师昂曰：古德云：“眉与目不相识，只为太近。”

【注释】

①其：助词，表示揣测、反诘、命令、劝勉。诳（kuáng）：欺骗，瞒哄。

【译文】

眼睛看不到自己，鼻子不能闻到自己，舌头不能舔到自己，每一只手都不能握住自己，只有耳朵能听到自己的声音。

弟木山说：难道没听说过“心不在焉，听而不闻”吗？兄长是在欺骗我吧。

张竹坡说：心能够自己相信自己。

释师昂说：古德说：“眉毛和眼睛互不认识，只是因为离得太近了。”

第五十二则

凡声皆宜远听，惟听琴则远近皆宜。

王名友曰：松涛声、瀑布声、箫笛声、潮声、读书声、钟声、梵声，皆宜远听。惟琴声、度曲声、雪声，非至近，不能得其离合抑扬之妙[①]。

庞天池曰：凡色皆宜近看，惟山色远近皆宜。

【注释】

①抑扬：音调有节奏地或高或低。

【译文】

所有的声音都适合在远处听，只有琴声远听、近听都合适。

王名友说：松涛声、瀑布声、箫笛声、潮声、读书声、钟声、梵声，都适合远听。只有琴声、唱曲声、雪声，必须要离得非常近，才能够体会其抑扬顿挫、节奏变化的妙处。

庞天池说：所有的景色都适合近看，只有山色远看近看都合适。

第五十三则

目不能识字，其闷尤过于盲；手不能执管，其苦更甚于哑。

陈鹤山曰：君独未知今之不识字、不握管者，其乐尤过于不盲不哑者也。

【译文】

如果有眼睛却不识字，那他比盲人还要苦闷；如果有手却不能拿笔写字，那他会比哑巴还要痛苦。

陈鹤山说：您不知道当今不识字、不握笔的人，他们比不盲不哑的人还要快乐。

第五十四则

并头联句[①]，交颈论文[②]，宫中应制[③]，历使属国，皆极人间乐事。

狄立人曰：既已并头交颈，即欲联句论文，恐亦有所不暇[④]。

汪舟次曰：历使属国，殊不易易。

孙松坪曰：邯郸旧梦，对此惘然。

张竹坡曰：并头交颈，乐事也；联句论文，亦乐事也。是以两乐并为一乐者，则当以两夜并一夜方妙。然其乐一刻，胜于一日矣。

沈契掌曰：恐天亦见妒。

【注释】

①并头：头挨着头。②交颈：颈与颈相互依摩，指男女亲昵。③应制：由皇帝下诏命而作文赋诗的一种活动，主要功能在于娱帝王、颂升平、美风俗。④暇：空闲，没有事的时候。

【译文】

在闺房中与女子头挨着头联句作诗，颈摩着颈亲昵地讨论文章，应诏在宫中作诗，作为使节出使隶属的国家，这些都是人间的乐事。

狄立人说：既然已经并头交颈了，如果想要联句论文，恐怕没有空余的时间了。

汪舟次说：多次出使藩国，也非常不容易。

孙松坪说：邯郸旧梦一样的经历，对着这些心情也很迷茫。

张竹坡说：并头交颈，是快乐的事；联句论文，也是快乐的事。如果把这两件乐事合并为一件乐事，那么应当把两夜并为一夜才美妙，然而一刻的快乐，已经胜过一天了。

沈契掌说：恐怕老天见了也会嫉妒。

第五十五则

《水浒传》武松诘蒋门神云[①]：“为何不姓李？”此语殊妙。盖姓实有佳有劣。如华、如柳、如云、如苏、如乔，皆极风韵；若夫毛也、赖也、焦也、牛也，则皆尘于目而棘于耳者也[②]。

先渭求曰：然则君为何不姓李耶？

张竹坡曰：止闻今张昔李，不闻今李昔张也。

【注释】

①诘（jié）：谴责。②尘：飞扬的灰土。棘：针形的刺。

【译文】

《水浒传》中武松责问蒋门神说：“你为什么不姓李？”这话问得非常妙，人的姓氏确实有好坏的区别，如姓华、姓柳、姓云、姓苏、姓乔，都非常雅致有韵味，如果姓毛、赖、焦、牛，那么听起来则有点像灰尘进入眼睛，荆棘刺在耳朵里那样难受。

先渭求说：那么您怎么不姓李呢？

张竹坡说：只听说今张昔李，没听说过今李昔张。

第五十六则

花之宜于目而复宜于鼻者，梅也、菊也、兰也、水仙也、珠兰也[①]、莲也。止宜于鼻者，橼也[②]、桂也、瑞香也[③]、栀子也、茉莉也、木香也、玫瑰也、腊梅也。余则皆宜于目者也。花与叶俱可观者，秋海棠为最，荷次之，海棠、酴醾[④]、虞美人、水仙又次之。叶胜于花者，止雁来红[⑤]、美人蕉而已。花与叶俱不足观者，紫薇也、辛夷也[⑥]。

周星远曰：山老可当花阵一面[⑦]。

张竹坡曰：以一叶而能胜诸花者，此君也[⑧]。

【注释】

①珠兰：金粟兰，因为其花型小，黄色如粟米，清香似兰，而得名。②橼（yuán）：又名枸橼，为芸香科柑橘属植物，其果实清香，常作清供。③瑞香：又称睡香、蓬莱紫、风流树、毛瑞香、千里香、山梦花，为瑞香科瑞香属植物。④酴醾（tú mí）：又名佛见笑、重瓣空心泡，是蔷薇科悬钩子属空心泡的变种。⑤雁来红：别名老来少、三色苋、叶鸡冠、老来娇、老少年。⑥辛夷：木兰花的花蕾入药名。⑦花阵：花木的排列。⑧此君：竹的代称。

【译文】

花中既漂亮又香气宜人的有：梅、菊、兰、水仙、珠兰、莲。只有香气而不漂亮的有：香橼、桂花、瑞香、栀子、茉莉、木香、玫瑰、腊梅。剩下的都是只适合观赏的。花朵和叶子都具有观赏性的，秋海棠最美，荷花差一些，海棠、酴醾、虞美人、水仙又稍微差一些。叶子比花朵还好看的，只有雁来红和美人蕉。花和叶都不值得观赏的是紫薇和辛夷。

周星远说：山老可以当花阵的一面。

张竹坡说：单凭叶子就能胜过这些花的，是竹子。

第五十七则

高语山林者[①]，辄不喜谈市朝事，审若此，则当并废《史》《汉》诸书而不读矣。盖诸书所载者，皆古之市朝也。

张竹坡曰：高语者，必是虚声处士；真入山者，方能经纶市朝[②]。

【注释】

①高语：高声说话。②经纶：比喻筹划治理国家大事。

【译文】

高声谈论隐居山林的人，不喜欢谈论市井朝廷的俗事。果然如此的话，那应当废弃《史记》《汉书》等一些书不用读了。因为这些书中所记载的，都是古今的市井朝廷之事。

张竹坡说：高声谈论的人，必定是虚张声势的人；真正隐居的高人，才能够筹划治理市井与朝廷的大事。

第五十八则

云之为物，或崔巍如山①，或潋滟如水②，或如人，或如兽，或如鸟毳③，或如鱼鳞。故天下万物皆可画，惟云不能画。世所画云，亦强名耳。

何蔚宗曰：天下百官皆可做，惟教官不可做，做教官者，皆谪戍耳④。

张竹坡曰：云有反面正面，有阴阳向背，有层次内外，细观其与日相映，则知其明处乃一面，暗处又一面。尝谓古今无一画云手，不谓《幽梦影》中先得我心。

【注释】

①崔巍：形容山势高险。②潋滟（liàn yàn）：水波荡漾。③鸟毳（cuì）：鸟腹细毛。④谪戍（zhé shù）：封建时代将有罪的人派到远方防守。

【译文】

云这个东西，有时候像巍峨险峻的高山，有时候像荡漾的湖水，有时候像人，有时候像猛兽，有时候像轻盈的羽毛，有时候像鱼鳞。因此天下的东西都可以被画出来，唯独云画不出来。世人画的云，也是勉强称为云罢了。

何蔚宗说：天下的各种官都可以做，只有教官不能做，因为做教官的人，都是被贬戍的人。

张竹坡说：云有反面正面，有阴阳向背，有层次内外。仔细看云和太阳相互辉映，就知道它明处是一面，暗处又是一面。曾经认为古往今来没有一个画云的高手，不曾想《幽梦影》中先写出了我的心思。

第五十九则

值太平世，生湖山郡；官长廉静[①]，家道优裕；娶妇贤淑，生子聪慧。人生如此，可云全福。

许篠林曰：若以粗笨愚蠢之人当之，则负却造物。

江含徵曰：此是黑面老子要思量做鬼处[②]。

吴岱观曰：过屠门而大嚼，虽不得肉，亦且快意。

李荔园曰：贤淑聪慧，尤贵永年，否则福不全。

【注释】

①廉静：秉性谦逊沉静。②黑面老子：修行时身体虚弱的佛祖释迦牟尼。

【译文】

在太平盛世的时候，出生在山清水秀的地方；官长谦逊沉静，家境富裕；娶了贤惠的妻子，生了聪明的孩子。这样的人生，可以说是幸福美满了。

许篠林说：这等好事如果让粗笨愚蠢的人得到，那就辜负了造物主了。

江含徵说：这是身虚体弱的释迦牟尼要考虑以后做鬼的处境。

吴岱观说：路过屠夫的门口而大口咀嚼，虽然吃不到肉，但是心情还是很好的。

李荔园说：贤淑聪慧，最重要的是长寿，否则福不全。

第六十则

天下器玩之类，其制日工[①]，其价日贱，毋惑乎民之贫也。

张竹坡曰：由于民贫，故益工而益贱。若不贫，如何肯贱？

【注释】

①工：细致，精巧。

【译文】

这天底下供欣赏把玩的器物，做工越来越精致，但是价格却越来越低，于是不用疑惑为什么人们越来越穷了。

张竹坡说：正因为百姓贫穷，所以做工精细而价格低廉。如果不穷，怎么肯便宜卖呢？

第六十一则

养花胆瓶，其式之高低大小，须与花相称；而色之浅深浓淡，又须与花相反。

程穆倩曰：足补袁中郎《瓶史》所未逮[①]。

张竹坡曰：夫如此，有不甘去南枝而生香于几案之右者乎[②]？名花心足矣。

王宓草曰：须知相反者，正欲其相称也。

【注释】

①袁中郎：即袁宏道，字中郎，号石公，明代文学家，《瓶史》为其所作。逮：到，及。②去：离开所在的地方到别处。南枝：朝南的树枝，比喻温暖舒适的地方。

【译文】

插花的花瓶，它的高低大小，要与花相称；而花瓶颜色的深浅浓淡，又要与花相反。

程穆倩说：足够补充袁宏道《瓶史》中所没有提到的。

张竹坡说：如果这样的话，还有不甘心离开温暖的枝头而在几案上散发芳香的吗？名花心满意足了。

王宓草说：应该要知道花瓶与花的颜色相反，正是为了相称。

第六十二则

春雨如恩诏，夏雨如赦书，秋雨如挽歌。

张谐石曰：我辈居恒苦饥[1]，但愿夏雨如馒头耳。

张竹坡曰：赦书太多，亦不甚妙。

【注释】

①居：平时。恒：经常的，持久的。

【译文】

春雨贵如油犹如皇帝的恩诏，夏雨倾盆而下犹如皇帝大赦天下的诏书，而秋雨就如同哀怨的挽歌，瑟瑟凄凉。

张谐石说：我们这些人平时都受苦挨饿，希望夏雨像馒头一样。

张竹坡说：赦书太多，也不太好。

第六十三则

十岁为神童，二十三十为才子，四十五十为名臣，六十为神仙，可谓全人矣。

江含徵曰：此却不可知，盖神童原有仙骨故也。只恐中间做名臣时，堕落名利场中耳。

杨圣藻曰：人孰不想，难得有此全福。

张竹坡曰：神童才子，由于己[1]，可能也；臣由于君，仙由于天，不可必也。

顾天石曰：六十神仙，似乎太早。

【注释】

①由于：取决于。

【译文】

十岁成为神童，二十、三十岁成为才子，四十、五十岁成为名臣，六十岁过上神仙一样自在的生活，这样的人生就美满了。

江含徵说：这确实不能知道，神童或许本身就有仙骨。就恐怕中间做了名臣时，在名利场中堕落了。

杨圣藻说：哪个人不想这样呢，但是这样的全福很难得到啊。

张竹坡说：能不能成为神童才子，靠自己的话，有可能成功；但是是否为名臣取决于君王，能不能成为神仙取决于天，不能一定实现。

顾天石说：六十就过神仙般的生活，似乎太早了。

第六十四则

武人不苟战，是为武中之文；文人不迂腐，是为文中之武。

梅定九曰：近日文人不迂腐者颇多，心斋亦其一也。

顾定天曰：然则心斋直谓之武夫可乎？笑笑。

王司直曰：是真文人，必不迂腐。

【译文】

武人能够不轻率地进行战争，就是武夫中的文人；文人不固执迂腐，就是文人中的武将。

梅定九说：现在不迂腐的文人有很多，心斋也是其中之一。

顾定天说：然而直接称心斋武夫可以吗？笑笑。

王司直说：真正的文人，必定不刻板迂腐。

第六十五则

文人讲武事，大都纸上谈兵；武将论文章，半属道听途说。

吴街南曰：今之武将讲武事，亦属纸上谈兵。今之文人论文章，大都道听途说。

【译文】

读书人谈论军事，大多数都是纸上谈兵；而习武之人谈论文章优劣，多半也是道听途说。

吴街南说：当今武将讲武事，也是纸上谈兵；当今的文人论文章，大多也都是道听途说。

第六十六则

斗方止三种可存[①]：佳诗文一也，新题目二也，精款式三也。

闵宾连曰：近年斗方名士甚多，不知能入吾心斋彀中否也[②]？

【注释】

①斗方：书画所用的一尺见方的纸张。②彀（gòu）：原意为弓箭射程所达到的范围。

【译文】

斗方只有三种有必要留存：好的诗文是一种，新颖的主题是第二种，精美的款式是第三种。

闵宾连说：近些年来以书画出名的人很多，不知道能不能合心斋的心意？

第六十七则

情必近于痴而始真，才必兼乎趣而始化[①]。

陆云士曰：真情种，真才子，能为此言。

顾天石曰：才兼乎趣，非心斋不足当之。

尤慧珠曰：余情而痴则有之，才而趣则未能也。

【注释】

①化：变化，奇妙。

【译文】

情感要近乎痴迷才能算真诚，才华要兼具情趣才能达到奇妙的境界。

陆云士说：只有真正的情种，真正的才子，才能说出这样的话。

顾天石说：才华兼具情趣，只有心斋能当得起。

尤慧珠说：我的情感痴迷是有的，但是有才华又兼具情趣则没有达到。

第六十八则

凡花色之娇媚者，多不甚香；瓣之千层者，多不结实。甚矣，全才之难也！兼之者，其惟莲乎？

殷日戒曰：花叶根实，无所不空，亦无不适于用，莲则全有其德者也。

贯玉曰：莲花易谢，所谓有全才而无全福也。

王丹麓曰：我欲荔枝有好花，牡丹有佳实[1]，方妙。

尤谨庸曰：全才必为人所忌，莲花故名君子。

【注释】

①佳实：质优味美的果实。

【译文】

凡是颜色娇艳妩媚的花，大多不怎么香；有很多层花瓣的花，大多不结果实。因此，能够兼具所有优点是很难得的！花妩媚有香气而又能结果实的，只有莲花吧？

殷日戒说：花叶根实，没有空的，也没有无用的部分，莲花兼具所有的美德。

贯玉说：莲花容易凋谢，这就是有全才的人没有全福。

王丹麓说：我想让荔枝开出漂亮的花，牡丹结出味道鲜美的果实，这才最好。

尤谨庸说：有全才的人必定会被人嫉妒，因此莲花被叫作君子。

第六十九则

著得一部新书，便是千秋大业；注得一部古书[1]，允为万世宏功。

黄交三曰：世间难事，注书第一。大要于极寻常书，要看出作者苦心。

张竹坡曰：注书无难，天使人得安居无累，有可以注书之时与地为难耳。

【注释】

①注：解释词句所用的文字。

【译文】

著作一部新书，就是做了一件千古流传的事情；注解一部古书，可以说是一件造福后世的大功劳。

黄交三说：世上的难事，注解古书排第一。因为要在非常普通的著作中，看出作者的苦心。

张竹坡说：注书并不难，上天让人安居乐业、无所负累，且有可以注书的时间和地方才是难事。

第七十则

延名师训子弟[①]，入名山习举业[②]，丐名士代捉刀[③]，三者都无是处。

陈康畴曰：大抵名而已矣，好歹原未必着意[④]。

殷日戒曰：况今之所谓名乎？

【注释】

①延：引进，请。训：教导，教诲。②举业：科举时代指专为应试的诗文、学业、课业、文字，也指八股文。③丐：乞求。捉刀：比喻替别人代笔作文。④着意：集中注意力，用心。

【译文】

聘请名师来教导子弟，进入名山学习科举考试的应试学业，乞求有名的大师来替自己写文章，这三种行为都不对。

陈康畴说：大部分都是为了图个虚名而已，至于好坏可能并不在意。

殷日戒说：何况是当今所谓的名声？

第七十一则

积画以成字，积字以成句，积句以成篇，谓之文。文体日增，至八股而遂止。如古文，如诗，如赋，如词，如曲，如说部[①]，如传奇小说，皆自无而有。方其未有之时，固不料后来之有此一体也；逮既有此一体之后，又若天造地设，为世必应有之物。然自明以来，未见有创一体裁新人耳目者。遥计百年之后，必有其人，惜乎不及见耳。

陈康畤曰：天下事从意起，山来今日既作此想，安知其来生不即为此辈翻新之士乎？惜乎今人不及知耳。

陈鹤山曰：此是先生应以创体身得度者，即现创体身而为设法[2]。

孙恺似曰：读《心斋别集》，拈四子书题[3]，以五七言韵体行之，无不入妙，叹其独绝。此则直可当先生自序也。

张竹坡曰：见及于此，是必能创之者，吾拭目以待新裁。

【注释】

①说部：古代小说、笔记、杂著一类书籍。②创：创新。体：体裁。③四子书：指《论语》《大学》《中庸》《孟子》四部儒家的经典。

【译文】

累积笔画形成字，积累字而汇集成句，由句子累积成篇，称为文章。文章体裁日益增加，到八股文便停止了。比如古文、诗、赋、词、曲、小说杂记、传奇，这些体裁均是从无到有。当一种体裁还没有的时候，固然料不到以后会有这样的体裁出现；但是一旦有了这种体裁之后，又好像是天造地设的一样，是这世上必须应该有的东西。然而自明朝以来，没有见及创新体裁的人。估计百年之后，必然会有创新体裁的人，只可惜等不及见到了。

陈康畤说：天下的事都是从意识产生。山来今天既然有这样的想法，怎么知道他来生不会成为创新的人？只是当今的人来不及知道而已。

陈鹤山说：这是先生应该以创体身得度，所以现创体身而为之立法。

孙恺似说：读《心斋别集》，拿四子书做题目，用五七言韵体写文章，非常精妙，令人感叹它的独到之处。这一则可以直接当作先生的自序。

张竹坡说：领悟达到这样的高度，肯定是有创新文体能力的人，我拭目以待新的体裁。

第七十二则

云映日而成霞，泉挂岩而成瀑。所托者异，而名亦因之。此友道之所以可贵也[①]。

张竹坡曰：非日而云不映，非岩而泉不挂。此友道之所以当择也。

【注释】

①友道：朋友交往的准则与道义。

【译文】

云彩被太阳照射成为彩霞，泉水悬挂在岩石上而成为瀑布，因此所依托的物体不同，名称也会不一样。这就是交友之道的可贵之处。

张竹坡说：云彩只会被太阳照射，泉水只会悬挂在岩石上。这就是交友之道要有所选择的原因。

第七十三则

大家之文，吾爱之慕之，吾愿学之；名家之文，吾爱之慕之，吾不敢学之。学大家而不得，所谓刻鹄不成尚类鹜也[①]；学名家而不得，则是画虎不成，反类狗矣。

黄旧樵曰：我则异于是，最恶世之貌为大家者。

殷日戒曰：彼不曾闯其藩篱，乌能窥其阃奥[②]？只说得隔壁话耳。

张竹坡曰：今人读得一两句名家，便自称大家矣。

【注释】

①鹄（hú）：天鹅。鹜（wù）：鸭子。②乌：文言疑问词，哪，何。阃（kǔn）：门槛，门限，比喻学问的精深奥妙处。

【译文】

大家的文章，我喜欢它爱慕它，我愿意学习它；名家的文章，我也敬慕它，但是我不敢效仿学习它。因为学习大家即使达不到他的水平，也就只能说是画不成天鹅还能像鸭子；学习效仿名家的文章达不到他的水平，那就成了画不成老虎却像狗。

黄旧樵说：我却觉得不是这样，我最厌恶这世上表面上像大家的人。

殷日戒说：你不曾闯过藩篱进到院子里，怎么能窥探到里面的奥秘？只能说一些外行话罢了。

张竹坡说：现在的人读一两句名家的文章，便自称是大家了。

第七十四则

由戒得定，由定得慧[①]，勉强渐近自然；炼精化气[②]，炼气化神，清虚有何渣滓[③]？

袁中江曰：此二氏之学也[④]，吾儒何独不然？

陆云士曰：《楞严经》《参同契》精义尽涵在内。

尤悔庵曰：极平常语，然道在是矣。

【注释】

①戒：佛教律条，泛指禁止做的事。定：禅定。慧：智慧。②炼精化气：道教术语，又称为小周天。其为内丹术筑基气功的第一阶段，即炼精化气，炼气化神，炼神还虚，炼虚合道。③清虚：清净虚无，清高淡泊。④二氏：佛、道两家。

【译文】

持戒修行才能达到禅定的境界，禅定修行到破除迷惑才能够得到大智慧，得大智慧勉强进入超越自我的境地；提炼精气化为阳气，提炼阳气化为纯净的神，胸中清净虚无，哪有一点世俗之念？

袁中江说：这是佛家和道家的学问，为何独我们儒家不是这样呢？

陆云士说：《楞严经》《参同契》的精义都涵盖在里面了。

尤悔庵说：虽然是非常普通的语言，然而道已经在其中了。

第七十五则

南北东西，一定之位也；前后左右，无定之位也。

张竹坡曰：闻天地昼夜旋转，则此东西南北，亦无定之位也。或者天地外贮此天地者，当有一定耳。

【译文】

南北东西，是固定不变的位置；前后左右，是相对变化的方位。

张竹坡说：听说天地也是昼夜旋转的，那么这东西南北，也不是固定的位置了。或者天地外面存储这个天地的，应该是固定不变的。

第七十六则

予尝谓二氏不可废，非袭夫大养济院之陈言也[①]。盖名山胜境，我辈每思褰裳就之[②]，使非琳宫梵刹[③]，则倦时无可驻足，饥时谁与授餐？忽有疾风暴雨，五大夫果真足恃乎[④]？又或邱壑深邃，非一日可了，岂能露宿以待明日乎？虎豹蛇虺，能保其不为人患乎？又或为士大夫所有，果能不问主人，任我之登陟凭吊而莫之禁乎[⑤]？不特此也[⑥]，甲之所有，乙思起而夺之，是启争端也。祖父之所创建，子孙贫，力不能修葺，其倾颓之状，反足令山川减色矣。

然此特就名山胜境言之耳。即城市之内，与夫四达之衢[⑦]，亦不可少此一种。客游可作居停，一也；长途可以稍憩，二也；夏之茗[⑧]，冬之姜汤，复可以济役夫负戴之困，三也。凡此皆就事理言之，非二氏福报之说也。

释中洲曰：此论一出，量无悭檀越矣[⑨]。

张竹坡曰：如此处置此辈甚妥。但不得令其于人家丧事诵经，吉事拜忏；装金为像，铸铜作身；房如宫殿，器御钟鼓，动说因果。虽饮酒食肉，娶妻生子，总无不可。

石天外曰：天地生气，大抵五十年一聚。生气一聚，必有刀兵、饥馑、瘟疫，以收其生气。此古今一治一乱必然之数也。自佛入中国，用剃度出家法绝其后嗣，天地盖欲以佛节古今之生气也。所以唐、宋、元、明以来，剃度者多，而刀兵劫数稍减于春秋、战国、秦汉诸时也。然则佛氏且未必无功于天地，宁特人类已哉？

【注释】

①大养济院：旧时收养鳏寡孤独之人的场所。②褰裳（qiān cháng）：撩起下裳。③琳宫梵刹：道家的庙宇和佛家的寺庙。④五大夫：这里指松树。⑤登陟（dēng zhì）：登上。⑥特：只，但。⑦四达之衢（qú）：通达四方的道路。⑧茗：茶树的嫩芽。⑨悭（qiān）：小气，吝啬。檀越：施主。

【译文】

我曾经说过佛教和道教不可以废除，并不是沿袭大养济院的陈旧说法。名胜古迹，我们每每都想去游览，如果没有道观和寺庙，那么我们累了没有地方休息，饿时谁给我们吃的呢？忽然来了狂风暴雨，真的可以依赖松树吗？又或者是到了山陵沟壑险峻的地方，一天走不出来，难道真的能在山中露宿等待天明吗？能够保证虎豹蛇虫不会伤害人吗？又假设这些地方都是某士大夫的，真的能不问主人的意见，让我们随意游览攀登吗？不单单是这些，如果某处景是甲所有的，乙想夺走，就会引起争端。祖辈创建的地方，子孙贫困，没有能力修葺，那么它的颓废破败的形象，反而会让大好的河山逊色不少。

当然这都是针对这些名山胜景来说的。即便在城市里面，在四通八达的道路上，也不能少了这些地方。游客可以停留欣赏，这是第一；长途跋涉者可以休息，这是第二；夏天有茶，冬天有姜汤，也可以减轻做苦力的人的困顿和疲惫，这是第三。这些都是通过事实道理说的，并不是佛家道家因果福报的言论。

释中洲说：这个论点一出来，估计就没有吝啬的施主了。

张竹坡说：这样处置此类人非常妥当。但是，不能让僧道之流在别人家中办丧事时诵经，吉事礼拜念经；用黄金装饰佛像，用铜来铸造佛身；把房子建得像宫殿一般，使用钟鼓之类的器物，动辄便说因果。即使饮酒食肉，娶妻生子，也没有什么不可以的。

石天外说：天地之间的生气，大约五十年一聚。生气一旦聚集，必然有刀兵、饥馑、瘟疫等灾祸以收回生灵。这是古往今来一治一乱的自然规律。自从佛教传入中国，用剃度出家的方法来断绝信徒的子嗣，天地大概是想用佛来节制古今的生气。所以唐、宋、元、明以来，剃度的人数众多，而刀兵劫数相比于春秋、战国、秦汉等时期便减少了。因此，佛教对于天地未必无功劳，何况是对人类呢？

第七十七则

虽不善书，而笔砚不可不精；虽不业医，而验方不可不存；虽不工弈，而楸枰不可不备[①]。

江含徵曰：虽不善饮，而良酿不可不藏。此坡仙之所以为坡仙也[②]。

顾天石曰：虽不好色，而美女妖童不可不蓄。

毕右万曰：虽不习武，而弓矢不可不张。

【注释】

①楸枰（qiū píng）：棋盘。②坡仙：即苏轼，号东坡居士，文才盖世，仰慕者称之为“坡仙”。

【译文】

虽然不擅长书法，但是笔砚必须要精良；虽然不行医，但是有经验效果的药方却不能不留存；虽然不精通下棋，但是棋盘必须要备着。

江含徵说：虽然不经常饮酒，但是好酒不得不收藏。这就是坡仙之所以为坡仙的原因。

顾天石说：虽然不好色，然而美女和妖童不能不养。

毕右万说：虽然不习武，但是弓箭不能不拉。

第七十八则

方外不必戒酒[①]，但须戒俗；红裙不必通文[②]，但须得趣。

朱其恭曰：以不戒酒之方外，遇不通文之红裙，必有可观。

陈定九曰：我不善饮，而方外不饮酒者誓不与之语；红裙若不识趣，亦不乐与近。

释浮村曰：得居士此论，我辈可放心豪饮矣。

弟东囿曰：方外并戒了化缘方妙。

【注释】

①方外：这里是僧人、道士的自称。②红裙：美女。

【译文】

出家人不一定要戒酒，但是必须要超脱俗世；美女不一定要精通文学，但是一定要有情趣、善解人意。

朱其恭说：如果不戒酒的出家人遇到不精通文学的美女，必然有可看之处。

陈定九说：我不善于饮酒，但是我发誓不与不喝酒的出家人交谈；不善解人意没有情趣的美女，我也不与她交好。

释浮村说：有了居士这番言论，我们可以开怀畅饮了。

弟东囿说：如果出家人戒了化缘，那就更好了。

第七十九则

梅边之石宜古，松下之石宜拙，竹傍之石宜瘦，盆内之石宜巧。

周星远曰：论石至此，直可作九品中正。

释中洲曰：位置相当，足见胸次。

【译文】

梅旁边的石头应该古香古色，松树下面的石头应该朴拙，竹子旁边的石头应该清瘦，盆景里的石头应该精巧。

周星远说：评论石头到这种境地，真是可以当作九品中正法。

释中洲说：安排布置得恰当，足以看出胸襟。

第八十则

律己宜带秋气，处世宜带春气。

孙松楸曰：君子所以有矜群而无争党也。

胡静夫曰：合夷、惠为一人，吾愿亲炙之[①]。

尤悔庵曰：皮里春秋[②]。

【注释】

①夷惠：伯夷、柳下惠的并称，古代廉正之士。亲炙：直接得到某人的教诲或传授。炙：比喻受到熏陶。②皮里：藏在心里不说出来。

【译文】

约束自己要带有秋天的严厉之气，处世待人要带有春天的温和之气。

孙松楸说：所以君子矜持自重不结党营私、争强好斗。

胡静夫说：把伯夷和柳下惠合为一个人，我希望能够直接得到他的教诲。

尤悔庵说：有话不说出来，只在心里议论。

第八十一则

厌催租之败意，亟宜早早完粮[①]；喜老衲之谈禅，难免常常布施。

释中洲曰：居士辈之实情，吾僧家之私冀，直被一笔写出矣。

瞎尊者曰：我不会谈禅，亦不敢妄求布施，惟闲写青山卖耳[②]。

【注释】

①完粮：交纳钱粮。②写青山：这里指画画。

【译文】

厌恶催租的人来破坏兴致，就应早早地交完租税；喜欢听老僧论经谈禅，那就难免要经常施舍一些财物。

释中洲说：这一笔就写出了居士们的实情、我们出家人的私心和愿望。

瞎尊者说：我不会谈禅，也不敢妄求布施，只在闲暇的时候作画卖钱罢了。

第八十二则

松下听琴，月下听箫，涧边听瀑布，山中听梵呗[①]，觉耳中别有不同。

张竹坡曰：其不同处，有难于向不知者道。

倪永清曰：识得“不同”二字，方许享此清听[②]。

【注释】

①梵呗：和尚念经的声音。②清听：清越入耳的声音。

【译文】

松树下面听琴声，月光下听箫声，山涧边听瀑布的声音，大山中听诵经声，觉得耳朵中有另一番感受。

张竹坡说：它的不同之处，又很难向不知道的人描述。

倪永清说：意识到“不同”二字，才能享受到这样清悦入耳的声音。

第八十三则

月下听禅，旨趣益远；月下说剑，肝胆益真；月下论诗，风致益幽；月下对美人，情意益笃。

袁士旦曰：溽暑中赴华筵[①]，冰雪中应考试，阴雨中对道学先生，与此况味何如？

【注释】

①溽（rù）暑：潮湿闷热。

【译文】

月光下谈禅证道，意旨更加深远；月光下讨论剑术，豪情壮志更真；月下谈论诗词，风情韵味更加幽静雅致；月光下和美人对坐，情意会更加深厚专一。

袁士旦说：在夏天闷热的天气去赴豪华的宴席，在冰天雪地里去考试，在阴雨天与迂腐古板的先生相对，跟这些情境相比又怎样呢？

第八十四则

有地上之山水，有画上之山水，有梦中之山水，有胸中之山水。地上者妙在邱壑深邃，画上者妙在笔墨淋漓，梦中者妙在景象变幻，胸中者妙在位置自如。

周星远曰：心斋《幽梦影》中文字，其妙亦在景象变幻。

殷日戒曰：若诗文中之山水，其幽深变幻，更不可名状。

江含徵曰：但不可有面上之山水。

余香祖曰：余境况不佳，水穷山尽矣。

【译文】

山水有大地上的，有画中的，有梦中的，还有胸怀中的。大地上的山水妙在涧谷幽深险远，画上的山水妙在生动洒脱，梦中的山水妙在景象变幻莫测，胸中的山水妙在位置自如得当。

周星远说：心斋《幽梦影》中的文字，妙在景象变幻。

殷日戒说：如果是诗文中的山水，会更加幽深变幻难以描述。

江含徵说：但是不能有脸上的山水。

余香祖说：我的境况不好，已经山穷水尽了。

第八十五则

一日之计种蕉[1]，一岁之计种竹，十年之计种柳，百年之计种松。

周星远曰：千秋之计，其著书乎？

张竹坡曰：百世之计种德。

【注释】

①计：谋划，打算。

【译文】

若是一天之内的计划要种芭蕉，一年之内的计划要种竹子，十年之内的计划就种柳树，而百年之内的计划就要种松树。

周星远说：那如果是千秋大计，是著书吧？

张竹坡说：百世的计划应该是修行品性、树立德行。

第八十六则

春雨宜读书，夏雨宜弈棋，秋雨宜检藏[①]，冬雨宜饮酒。

周星远曰：四时惟秋雨最难听。然予谓无分今雨旧雨[②]，听之，要皆宜于饮也。

【注释】

①检藏：翻检一些旧日所藏之物。②今雨：旧时指新交的朋友。旧雨：指老朋友。

【译文】

春天细雨绵绵适合读书，夏天下雨的时候电闪雷鸣适合下棋，秋天下雨时落叶纷飞适合翻一翻收藏的旧物回忆一下过去，冬季下雨的时候天气寒冷最适合饮酒。

周星远说：四季中只有秋雨最难听。然而我认为不管是新朋友还是老朋友，听雨，重要的是共同饮酒。

第八十七则

诗文之体得秋气为佳[①]，词曲之体得春气为佳[②]。

江含徵曰：调有惨淡悲伤者，亦须相称。

殷日戒曰：陶诗、欧文[③]，亦似以春气胜。

【注释】

①秋气：指秋日凄清、肃杀之气。②春气：春季的阳和之气。③陶诗、欧文：陶渊明的诗、欧阳修的文章。

【译文】

诗文以有秋日之气的为好，词曲以带有春天温暖祥和之气的为好。

江含徵说：有惨淡悲伤的曲调的，也需要与之相称。

殷日戒说：陶渊明的诗、欧阳修的文章，好像也是带有春气的更胜一筹。

第八十八则

抄写之笔墨，不必过求其佳；若施之缣素[①]，则不可不求其佳。诵读之书籍，不必过求其备；若以供稽考[②]，则不可不求其备。游历之山水，不必过求其妙；若因之卜居，则不可不求其妙。

冒辟疆曰：外遇之女色，不必过求其美；若以作姬妾，则不可不求其美。

倪永清曰：观其区处条理所在，经济可知[③]。

王司直曰：求其所当求，而不求其所不必求。

【注释】

①缣（jiān）素：可供书画的细绢。②稽考：考核，观察。③经济：才干。

【译文】

抄写用的笔墨，不用过于强求用最好的；如果是在细绢上书写作画，那就必须要用好的。诵读的书籍，不用过于强求齐全完备；如果是为了考核查证，那就不得不要求齐全完备了。游览的山水风景，不必要求它有多么美妙绝伦；但是如果要选择居住的地方，那就不能不要求它景色宜人了。

冒辟疆说：在外面私会的女子，不用过分要求她有多美；如果要是娶来做姬妾，就不能不要求她貌美如花了。

倪永清说：观察他谋划事情的条理，就能知道他的才干。

王司直说：要求应该要求的，不要强求那些不是必须要求的。

第八十九则

人非圣贤，安能无所不知？只知其一，惟恐不止其一，复求知其二者，上也；止知其一，因人言始知有其二者，次也；

止知其一，人言有其二而莫之信者，又其次也；止知其一，恶人言有其二者，斯下之下矣。

周星远曰：兼听则聪，心斋所以深于知也。

倪永清曰：圣贤大学问，不意于清语得之[①]。

【注释】

①清语：犹清谈高论。

【译文】

一般人不是圣贤，怎么可能什么都知道呢？只知道其中一方面的道理，唯恐它不只这一种道理，反复学习以求知道其他的道理，这是上等的求知之人；只知道其中一点，因为别人说了才知道还有第二点，这是次等的；只知道其中一点，别人说有第二点还不相信的，这是更次一些的求知者；只知道其中一点，而嫌恶别人说有第二点的，这是最下等的求知者。

周星远说：广泛听取意见才能明辨是非，这就是心斋之所以见多识广的原因。

倪永清说：圣贤的大学问，没想到从这清谈的言论中就学习到了。

第九十则

史官所纪者，直世界也[①]；职方所载者，横世界也[②]。

袁中江曰：众宰官所治者，斜世界也[③]。

尤悔庵曰：普天下所行者，混沌世界也。

顾天石曰：吾尝思天上之天堂，何处筑基？地下之地狱，何处出气？世界固有不可思议者。

【注释】

①直世界：以时间为线索的历史。直，纵向的。②横世界：按照空间横向分布的历史。横，横向的。③斜：同“邪”，邪恶。

【译文】

史官们记载的是以时间为线索的纵向发展的世界，掌管地图的官员所记载的，是一个横向的世界。

袁中江说：官吏所治理的世界，是歪斜的世界。

尤悔庵说：天下人所行走的世界，是一个混沌的世界。

顾天石说：我曾经想天上的天堂，在哪里打地基建造房屋？地下的地狱里，又怎么呼吸空气？这世上本来就有很多不可思议的事情。

第九十一则

先天八卦[①]，竖看者也；后天八卦[②]，横看者也。

吴街南曰：横看、竖看，皆看不着。

钱目天曰：何如袖手旁观？

【注释】

①先天八卦：又称伏羲八卦，传说是由距今七千年的伏羲氏观物取象所作。

②后天八卦：即文王八卦。

【译文】

先天八卦，看的是时间的纵向发展；后天八卦，看的是空间的横向联系。

吴街南说：横看竖看，都看不着。

钱目天说：为何不袖手旁观呢？

第九十二则

藏书不难，能看为难；看书不难，能读为难；读书不难，能用为难；能用不难，能记为难。

洪去芜曰：心斋以能记次于能用之后，想亦苦记性不如耳。世固有能记而不能用者。

王端人曰：能记、能用，方是真藏书人。

张竹坡曰：能记固难，能行尤难。

【译文】

收藏书籍不难，难的是能够全部读完；看书不困难，难的是理解书中的深意；看透书中的深意不难，难的是学以致用；学以致用不难，难的是能够记住这些知识。

洪去芜说：心斋把能记放在能用之后，估计也是因为记性不好吧。但是世上也有能记而不能用的人。

王端人说：能记、能用，才是真的藏书人。

张竹坡说：能记虽然难，但是能够付诸行动更难。

第九十三则

求知己于朋友易[①]，求知己于妻妾难，求知己于君臣则尤难之难。

王名友曰：求知己于妾易，求知己于妻难，求知己于有妾之妻尤难。

张竹坡曰：求知己于兄弟亦难。

江含徵曰：求知己于鬼神则反易耳。

【注释】

①于：从。

【译文】

从朋友中寻求知己容易，在妻妾中寻求知己困难，在君臣中寻求知己更是难上加难。

王名友说：在妾中寻求知己容易，在妻中寻求知己难，在有妾的妻子中寻求知己更难。

张竹坡说：在兄弟中寻求知己也很难。

江含徵说：在鬼神中寻求知己反而容易。

第九十四则

何谓善人？无损于世者则谓之善人；何谓恶人？有害于世者则谓之恶人。

江含徵曰：尚有有害于世，而反邀善人之誉，此实为好利而显为名高者，则又恶人之尤。

【译文】

什么样的人可以叫作善人？对世人没有危害的人，称为善人；什么样的人称为恶人？对世人有害的人，称为恶人。

江含徵说：尚且还有那些对世人有害的，还反过来邀取善人美誉的，这是表面清高实际贪图功名利禄的人，更是恶人中的恶人。

第九十五则

有工夫读书，谓之福；有力量济人，谓之福；有学问著述，谓之福；无是非到耳，谓之福；有多闻、直、谅之友[①]，谓之福。

殷日戒曰：我本薄福人，宜行求福事，在随时儆醒而已。

杨圣藻曰：在我者可必，在人者不能必。

王丹麓曰：备此福者，惟我心斋。

李水樵曰：五福骈臻固佳[②]，苟得其半者，亦不得谓之无福。

倪永清曰：直谅之友，富贵人久拒之矣，何心斋反求之也？

【注释】

①多闻：见识多广。直：爽快，坦率。谅：信实。②骈臻（pián zhēn）：并至，一并到来。

【译文】

有时间读书，可以说是有福；有能力接济别人，可以说是有福；有学问能著书立说，可以说是有福；听不到是非闲话，可以说是有福；有见识多广、正直爽快、诚实守信的朋友，可以说是有福。

殷日戒说：我本来就是福薄的人，应该多行求福的事，随时警醒自己而已。

杨圣藻说：自己需要具备的必须具备，对于需要别人具备的那些则不用强求。

王丹麓说：这些福气都具备的，只有心斋。

李水樵说：这五种福气一并到来固然很好，但是即使得到一半的人，也不能说是无福的人。

倪永清说：耿直诚实的朋友，富贵的人都拒绝与他们交往，为何心斋却要寻求呢？

第九十六则

人莫乐于闲，非无所事事之谓也。闲则能读书，闲则能游名胜，闲则能交益友，闲则能饮酒，闲则能著书。天下之乐，孰大于是？

陈鹤山曰：然则正是极忙处。

黄交三曰：闲字前有止敬功夫[①]，方能到此。

尤悔庵曰：昔人云“忙里偷闲”，闲而可偷，盗亦有道矣。

李若金曰：闲固难得，有此五者，方不负闲字。

【注释】

①止敬：敬在古文中有严肃、严谨、不放肆的意思，止则是标准的意思。

【译文】

没有人不喜欢清闲自在，清闲并不是无所事事。闲的时候能读书，能够游览名胜古迹，闲暇时可以交一些有益的朋友，闲的时候能跟朋友开怀畅饮，闲的时候能著书立说。天下的快乐，还有比这更大的吗？

陈鹤山说：然而这正是非常忙的时候。

黄交三说：对待闲要有严谨的态度，才能做到这样。

尤悔庵说：古人说“忙里偷闲”，闲能够偷来，那么可算盗贼也有其道义了。

李若金说：清闲固然难得到，但是闲时做这五种事，才能不辜负了闲字。

第九十七则

文章是案头之山水，山水是地上之文章。

李圣许曰：文章必明秀，方可作案头山水；山水必曲折，乃可名地上文章。

【译文】

文章是几案上的山水，山水是大地上的文章。

李圣许说：文章必须明净秀美，才能做几案上的山水；山水必须曲折动人，才能做大地上的文章。

第九十八则

平上去入[①]，乃一定之至理。然入声之为字也少，不得谓凡字皆有四声也。世之调平仄者，于入声之无其字者，往往以不相合之音隶于其下。为所隶者，苟无平上去之三声，则是以寡妇配鳏夫[②]，犹之可也。若所隶之字自有其平上去之三声，而欲强以从我，则是干有夫之妇矣，其可乎？

姑就诗韵言之。如东、冬韵，无入声者也，今人尽调之以东、董、冻、督。夫“督”之为音，当附于都、睹、妒之下；若属之于东、董、冻，又何以处夫都、睹、妒乎？若东、都二字，俱以“督”字为入声，则是一妇而两夫矣。三江无入声者也，今人尽调之以江、讲、绛、觉。殊不知“觉”之为音，当附于交、绞、教之下者也。诸如此类，不胜其举。

然则如之何而后可？曰：鳏者听其鳏，寡者听其寡；夫妇全者安其全，各不相干而已矣。东、冬、欢、桓、寒、山、真、文、元、渊、先、天、庚、青、侵、盐、咸诸部，皆无入声者也。屋、沃内如秃、独、鹄、束等字，乃鱼、虞韵内都、图等字之入声；卜、木、六、仆等字，乃五歌部之入声。玉、菊、狱、育等字，乃尤部之入声。三觉、十药，当属于萧、肴、豪。质、锡、职、缉，当属于支、微、齐。质内之橘、卒，物内之郁、屈，当属于虞、鱼。物内之勿、物等音，无平上去者也。讫、乞等四支之入声也。陌部乃佳、灰之半、开、来等字之入声也。月部之月、厥、阙、谒等，及屑、叶二部，古无平上去，而今则为中州韵内车、遮诸字之入声也[③]。伐、发等字，及曷部之括、适，及八黠全部，又十五合内诸字，又十七洽全部，皆六麻之入声也。曷内之撮、阔等字，合部之合、盒数字，皆无平上去者也。若以缉、合、叶、洽为闭口韵，则止当谓之无平上去之寡妇，而不当调之以侵、寝、缉、咸、喊、陷、洽也。

石天外曰：中州韵无入声，是有夫无妇，天下皆成旷夫世界矣[④]！

【注释】

①平上去入：唐宋时期中古汉语的四声。平上去入四声中，上声、去声、入声为仄。②鳏（guān）夫：成年无妻，妻子死亡未再结婚的男人。③中州韵：也称“中原音韵”，是元代周德清《中原音韵》、卓从之《中州乐府音韵类编》等书中所总结的音韵体系。④旷夫：男子成年而未娶妻。

【译文】

平上去入四种声调，是固定不变的规则。但是入声的字少，不能说所有的字音都有四声。世上研究平仄的人，在某个入声没有对应的字的时候，往往把其他不相关的字音归到它的下面。如果所归入的字音，本身没有平、上、去三声，则就像是寡妇嫁给鳏夫一样，那还可以。如果所归入的字音有平、上、去三声，而要强行将其加入入声，那就像冒犯有夫之妇，这样可以吗？

姑且以诗韵来说，如东、冬韵，没有入声，现在的人却以东、董、冻、督与之协调。“督”如果按音来分，应该属于都、睹、妒的下面，如果把它归类到东、董、冻的后面，那又如何处理都、睹、妒呢？如果东、都这两个字都以“督”为入声，那就好像一女有两个丈夫。三江的韵部是没有入声的，现在的人却把它安排为江、讲、绛、觉。殊不知“觉”按照韵部，应当附属于交、绞、教的下面。像这样的情况举不胜举。

既然已经这样，那如何处理才算恰当呢？我觉得：鳏夫就任凭他做鳏夫，寡妇就任其当寡妇；夫妇都全在的，就保持不变，互不相干就行了。东、冬、欢、桓、寒、山、真、文、元、渊、先、天、庚、青、侵、盐、成这些字的韵部，都没有入声。屋、沃的韵部内秃、独、鹄、束等字，是鱼、虞韵部内的都、图等字的入声；卜、木、六、仆等字，是五歌部的入声。玉、菊、狱、育等字，是尤部的入声。三觉、十药，当属于萧、肴、豪。质、锡、职、缉，当属于支、微、齐。质这个韵部内的橘、卒，物这个韵部的郁、屈，当属于虞、鱼。物这个韵部内的勿、物等音，没有平声、上声和去声。讫、乞等是四支的入声。陌部的韵部是佳、灰韵部中的半、开、来等字的入声。月韵部的月、厥、阙、谒等，及屑、叶二韵部，古代没有平声、上声和去声，而现在是中州韵内车、遮等字的入声。伐、发等字，及曷韵部中的括、适，及八黠全部，加上十五合这个韵部的字，以及十七洽韵部的全部，都是六麻的入声。曷韵部内的撮、阔等字，合韵部的合、盒这些字，都没有平声、上声和去声。如果以缉、合、叶、洽为闭口韵，则只能说他们是没有平声、上声和去声声调的寡妇，而不应该安排到侵、寝、缉、咸、喊、陷、洽之下。

石天外说：中州韵没有入声，是有丈夫没有妇人，天下都成了光棍的世界了。

第九十九则

《水浒传》是一部怒书，《西游记》是一部悟书，《金瓶梅》是一部哀书。

江含徵曰：不会看《金瓶梅》，而只学其淫，是爱东坡者，但喜吃东坡肉耳。

殷日戒曰：《幽梦影》是一部快书。

朱其恭曰：余谓《幽梦影》是一部趣书。

【译文】

《水浒传》是一部抒发愤怒的书，《西游记》是一部参悟道义的书，《金瓶梅》是一部哀世的书。

江含徵说：不会看《金瓶梅》，而只学里面的淫乱，是喜爱苏东坡，但是只是喜欢吃东坡肉罢了。

殷日戒说：《幽梦影》是一部爽快、通透的书。

朱其恭说：我认为《幽梦影》是一部有趣的书。

第一百则

读书最乐，若读史书则喜少怒多。究之[①]，怒处亦乐处也。

张竹坡曰：读到喜怒俱忘，是大乐境。

陆云士曰：余尝有句云："读《三国志》，无人不为刘；

读《南宋书》，无人不冤岳。”第人不知怒处亦乐处耳[2]。怒而能乐，惟善读史者知之。

【注释】

①究：推究，追查。②第：但。

【译文】

读书是最快乐的事，但如果读史书却是欢喜少而愤怒多。推究起来可以发现，这愤怒之处也是快乐之处。

张竹坡说：读到喜怒全都忘掉，就是大乐的境地。

陆云士说：我曾经有一句话说："读《三国志》，没有人不力挺刘备；读《南宋书》，没有人不为岳飞鸣冤。"但是人们不知道感到愤怒之处正是快乐之处。愤怒还能感到快乐，只有善于读史书的人才能体会。

第一百零一则

发前人未发之论，方是奇书；言妻子难言之情，乃为密友。

孙恺似曰：前二语是心斋著书本领。

毕右万曰：奇书我却有数种，如人不肯看何？

陆云士曰：《幽梦影》一书所发者，皆未发之论；所言者，皆难言之情。"欲语羞雷同"，可以题赠。

【译文】

提出以前没有人说过的观点，才是奇书；能谈论跟妻子儿女说不出口的事情的人，才是亲密的朋友。

孙恺似说：前两句话是心斋著书的本领。

毕右万说：我有好几种奇书，但如果别人不肯看怎么办？

陆云士说：《幽梦影》这本书所写的言论，都是没有人写过的；所说的事情，也都是难于启齿的事情。"欲语羞雷同"这句诗，可以作为题赠。

第一百零二则

一介之士[1]，必有密友，密友不必定是刎颈之交。大率虽千百里之遥[②]，皆可相信，而不为浮言所动[③]；闻有谤之者，即多方为之辩析而后已；事之宜行宜止者，代为筹画决断；或事当利害关头，有所需而后济者[④]，即不必与闻，亦不虑其负我与否，竟为力承其事。此皆所谓密友也。

殷日戒曰：后段更见恳切周详，可以想见其为人矣。

石天外曰：如此密友，人生能得几个？仆愿心斋先生当之。

【注释】

①介：个。②大率：大概，大致。③浮言：无根据的话。④济：渡，过河。

【译文】

每个人都一定要有自己的亲密好友。密友不一定是刎颈之交。大概说来就是即使相隔千百里，也能互相信任，不会因为流言蜚语而动摇；听到有诽谤朋友的言词，就多为他辩驳澄清；有什么事情应该做什么事情不该做，也为他出谋划策进行决断；或者有些事情在关键时刻，需要付出些财物以后才能办成的，也不必让他知道，也不用考虑他是否会辜负我，就为他尽全力承担起来。这都是所说的密友。

殷日戒说：后面一段更能够见识他的诚恳和考虑事情的周到细致，可以想象他的为人。

石天外说：这样的密友，人生能有几个？我希望心斋先生能当这种密友。

第一百零三则

风流自赏，只容花鸟趋陪[①]；真率谁知[②]？合受烟霞供养[③]。

江含徵曰：东坡有云："当此之时，若有所思而无所思。"

【注释】

①趋陪：趋承陪侍。②真率：真诚坦率。③烟霞：烟雾和云霞，也指山水胜景。

【译文】

文采风流而自我欣赏，只让花鸟趋承陪侍；真诚坦率谁知道？就应该游历在山水胜景中，悠然自得。

江含徵说：苏东坡说："这种时候，好像在思索但是又没有需要思索的。"

第一百零四则

万事可忘，难忘者名心一段[①]；千般易淡，未淡者美酒三杯。

张竹坡曰：是闻鸡起舞、酒后耳热气象。

王丹麓曰：予性不耐饮，美酒亦易淡。所最难忘者，名耳！

陆云士曰：惟恐不好名，丹麓此言具见真处[②]。

【注释】

①名心：求功名之心。②具：完全。

【译文】

所有的事情都可以忘记，最难忘的就是一点求功名的心；所有的情怀都会渐渐淡忘，不会淡的只有那几杯美酒。

张竹坡说：这是闻鸡起舞、酒后喝到高兴时的气象。

王丹麓说：我天生不能饮酒，所以美酒也会容易淡忘。最难忘的就是功名！

陆云士说：就怕不好功名，丹麓的这番话完全能够看到他的真诚。

第一百零五则

芰荷可食[①]，而亦可衣；金石可器，而亦可服。

张竹坡曰：然后知濂溪不过为衣食计耳[②]。

王司直曰：今之为衣食计者，果似濂溪否？

【注释】

①芰（jì）荷：指菱叶与荷叶。②濂（lián）溪：周敦颐，北宋理学家，宋明理学的创始人之一。晚年移居江西庐山莲花峰下，峰前有溪，因取旧居濂溪以为水名，并自以为号，世称濂溪先生。著名的《爱莲说》的作者。

【译文】

菱叶与荷叶可以吃，又可以做成衣服穿；金属和石头既能够制作器物，又能够服用。

张竹坡说：然后知道周敦颐原来爱莲不过是为了穿衣吃饭而已。

王司直说：当今为穿衣吃饭谋划的人，有像周敦颐那样清高直率的吗？

第一百零六则

宜于耳复宜于目者，弹琴也，吹箫也；宜于耳不宜于目者，吹笙也，管也①。

李圣许曰：宜于目不宜于耳者，狮子吼之美妇人也；不宜于目并不宜于耳者，面目可憎、语言无味之纨袴子也。

庞天池曰：宜于耳复宜于目者，巧言令色也②。

【注释】

①管：笛子。②巧言令色：形容花言巧语，虚伪讨好。巧言，花言巧语；令色，讨好的表情。

【译文】

适合听又适合观赏的，是弹琴，吹箫；好听却不适合观赏的，是吹笙，吹管。

李圣许说：适合观赏不适合听的，是大吵大闹的美妇人；不适合观赏也不适合听的，是面目可憎、说话又毫无趣味的那些纨绔子弟。

庞天池说：适合听又适合观赏的，是花言巧语和虚伪讨好的人的行为。

第一百零七则

看晓妆①，宜于傅粉之后②。

余淡心曰：看晚妆，不知心斋以为宜于何时？

周冰持曰：不可说，不可说！

黄交三曰："水晶帘下看梳头"，不知尔时曾傅粉否？

庞天池曰：看残妆，宜于微醉后，然眼花撩乱矣。

【注释】

①晓妆：晨起梳妆。②傅粉：搽粉。

【译文】

看女子早上起来的妆饰，适合在她搽粉之后。

余淡心说：看晚上的妆容，不知道心斋觉得适合在什么时候呢？

周冰持说：不可以说，不可以说！

黄交三说："水晶帘下看梳头"，不知道那时候是否搽粉了？

庞天池说：看已经脱落的妆，适合在微微醉酒之后，那时感觉迷乱，眼前的美色纷繁恍惚了。

第一百零八则

我不知我之生前，当春秋之季，曾一识西施否？当典午之时[①]，曾一看卫玠否[②]？当义熙之世[③]，曾一醉渊明否？当天宝之代[④]，曾一睹太真否？当元丰之朝[⑤]，曾一晤东坡否？千古之上，相思者不止此数人，而此数人则其尤甚者，故姑举之以概其余也。

杨圣藻曰：君前生曾与诸君周旋，亦未可知。但今生忘之耳。

纪伯紫曰：君之前生，或竟是渊明、东坡诸人，亦未可知。

王名友曰：不特此也。心斋自云"愿来生为绝代佳人"，又安知西施、太真，不即为其前生耶？

郑破水曰：赞叹爱慕，千古一情。美人不必为妻妾，名士不必为朋友，又何必问之前生也耶？心斋真情痴也。

陆云士曰：余尝有诗曰："自昔闻佛言，人有轮回事。前生为古人，不知何姓氏？或览青史中，若与他人遇。"竟与心斋同情，然大逊其奇快。

【注释】

①典午："司马"的隐语。《资治通鉴》卷一百七十一胡三省注曰：典，司也；午，马也。晋帝姓司马氏，后因以"典午"指晋朝。②卫玠（jiè）：字叔宝，河东安邑人，

晋朝玄学家、官员，中国古代四大美男之一。③义熙：义熙在历史上被人用作几个政权的年号。义熙（405—418）是东晋安帝司马德宗的第四个年号，共计使用十四年。④天宝：天宝（742—756）是唐玄宗李隆基的年号，共计十五年。⑤元丰：元丰（1078—1085）是宋神宗赵顼的一个年号，共计八年。元丰八年（1085）二月宋哲宗即位沿用。

【译文】

我不知道我的前世，在春秋的时候，是否与西施认识？在晋朝时，是否看见过卫玠？在东晋义熙年间，是否曾和陶渊明把酒言欢共饮一醉过？在唐朝天宝年间，是否见过杨贵妃？在宋朝元丰年间，是否曾经和苏东坡见面交谈过？千百年来，我相思的不只这些人，而这些人是我最想见的，因此列举这些人来代表其他人。

杨圣藻说：您前世曾经和这些人打交道，也说不定。但是今生忘记了而已。

纪伯紫说：您的前世，没准是渊明、东坡等人，也不一定。

王名友说：不只这些。心斋自己说“愿来生为绝代佳人”，又怎么知道西施、杨贵妃，不就是他的前世呢？

郑破水说：赞叹爱慕，千百年来此情相同。美人不一定要娶来做妻妾，名士不一定要成为朋友，又何必问前世呢？心斋的情很痴。

陆云士说：我曾经也写诗说：“自昔闻佛言，人有轮回事。前生为古人，不知何姓氏？或览青史中，若与他人遇。”竟然与心斋的情一样，但是却远不如他的情新奇爽利。

第一百零九则

我又不知在隆、万时[①]，曾于旧院中交几名妓？眉公、伯虎、若士、赤水诸君[②]，曾共我谈笑几回？茫茫宇宙，我今当向谁问之耶？

江含徵曰：死者有知，则良晤匪遥[③]。如各化为异物[④]，吾未如之何也已。

顾天石曰：具此襟情，百年后当有恨不与心斋周旋者，则吾幸矣。

【注释】

①隆、万：隆庆、万历年。隆庆是明穆宗的年号，万历是明神宗的年号。②眉公：指陈继儒，明松江府华亭人，工诗书，善文。伯虎：指唐寅。若士：即汤显祖。赤水：指屠隆，明浙江鄞县人，小品集《娑罗馆清言》及《续娑罗馆清言》作者。③晤：遇，见面。匪：不，不是。遥：远。④异物：指已死的人。

【译文】

我不知道我若生在隆庆、万历年间，曾经在青楼妓院中结交过几个名妓？陈继儒、唐伯虎、汤显祖、屠隆等人，曾经跟我在一起谈笑过几次人生？茫茫宇宙中，我现在应该向谁询问这些事呢？

江含徵说：如果死去的人有感知的话，那么美好的相聚也不会很遥远。如果都已经各自变成了鬼怪，我也不知道该怎么办。

顾天石说：有这样的胸襟情怀，百年之后肯定会有遗憾没有和心斋交往的人，我却很幸运。

第一百一十则

文章是有字句之锦绣[①]，锦绣是无字句之文章，两者同出于一原。姑即粗迹论之，如金陵，如武林，如姑苏，书林之所在[②]，即机杼之所在也[③]。

【注释】

①锦绣：精美鲜艳的丝织品。②书林：指文人学者。③机杼：织布机。此处指纺织业。

【译文】

文章是有花纹的丝织品，而美好的丝织品是没有字句的文章，两者都出自同一个源头。姑且就用粗浅的事迹论述吧，像南京、杭州、苏州，这些出文章的地方，也是纺织业盛行的地方。

第一百一十一则

予尝集诸法帖字为诗[①]，字之不复而多者，莫善于《千字文》。然诗家目前常用之字，犹苦其未备。如天文之烟霞风雪，地理之江山塘岸，时令之春宵晓暮，人物之翁僧渔樵，花木之花柳苔萍，鸟兽之蜂蝶莺燕，宫室之台槛轩窗，器用之舟船壶杖，人事之梦忆愁恨，衣服之裙袖锦绮，饮食之茶浆饮酌，身体之须眉韵态，声色之红绿香艳，文史之骚赋题吟，数目之一三双半，皆无其字。《千字文》且然，况其他乎？

黄仙裳曰：山来此种诗，竟似为我而设。

顾天石曰：使其皆备，则《千字文》不为奇矣。吾尝于千字之外，另集千字，而已不可复得，更奇。

【注释】

①法帖：名家书法的范本。

【译文】

我曾经搜集名家字帖里的字为诗，字多而且不重复的，《千字文》是最好的。但是诗人现在常用的字，这里面也不够全。例如天文方面的烟、霞、风、雪，地理方面的江、山、塘、岸，时令方面的春、宵、晓、暮，人物方面的翁、僧、渔、樵，花草树木方面的花、柳、苔、萍，鸟兽方面的蜂、蝶、莺、燕，宫室方面的台、槛、轩、窗，器具方面的舟、船、壶、杖，人事方面的梦、忆、愁、恨，衣衫方面的裙、袖、锦、绮，饮食方面的茶、浆、饮、酌，身体方面的须、眉、韵、态，声音方面的红、绿、香、艳，文史方面的骚、赋、题、吟，数目方面的一、三、双、半，这些字都没有。《千字文》都没有，何况其他的书帖呢?

黄仙裳说：山来的这种诗，竟然好像是为我而设置的。

顾天石说：如果都能具备，那么《千字文》也就不足为奇了。我曾经尝试搜集千字文以外的字，欲再集齐千字，已经不能了，更是稀奇。

第一百一十二则

花不可见其落，月不可见其沉，美人不可见其夭。

朱其恭曰：君言谬矣。洵如所云，则美人必见其发白齿豁而后快耶？

【译文】

不能看着鲜花凋零，不能看着月亮沉下，不能看着美人早逝。

朱其恭说：您这番话说得不对。如果这样说的话，那么一定要看着美人白发苍苍、牙齿稀疏地老去，才快乐吗？

第一百一十三则

种花须见其开，待月须见其满，著书须见其成，美人须见其畅适，方有实际，否则皆为虚设。

王璞庵曰：此条与上条互相发明[①]，盖曰："花不可见其落耳，必须见其开也。"

【注释】

①发明：创造性地阐发，发挥。

【译文】

种花必须要见到花开，等月亮出来就必须要看见满月，写书就必须要见到书写完，美人就必须要看见她顺畅舒适，这才是有意义的，否则都形同虚设。

王璞庵说：这条和上一条互相阐发，大约是说："花不可见其落耳，必须见其开也。"

第一百一十四则

惠施多方[①]，其书五车，虞卿以穷愁著书[②]，今皆不传，不知书中果作何语[③]？我不见古人，安得不恨！

王仔园曰：想亦与《幽梦影》相类耳。

顾天石曰：古人所读之书，所著之书，若不被秦人烧尽，则奇奇怪怪，可供今人刻画者，知复何限？然如《幽梦影》等书出，不必思古人矣。

倪永清曰：有著书之名，而不见书，省人多少指摘。

庞天池曰：我独恨古人不见心斋。

【注释】

①惠施：惠子，姓惠，名施，战国中期宋国商丘（今河南商丘）人，著名的政治家、哲学家。他是名家学派的开山鼻祖和主要代表人物，也是文哲大师庄子的至交好友。多方：学识广博而驳杂。②虞（yú）卿：即虞庆、吴庆，邯郸人，战国游说之士。③果：最终，结果。

【译文】

惠施的学识广博，他写的书可以装满五车，虞卿在穷困愁苦的时候著书立说，这些著作都没有流传到当今的，不知道书中到底写了什么？我见不到古人，怎么能不遗憾呢！

王仔园说：想想应该也跟《幽梦影》相似吧。

顾天石说：古人所读的书，所写的书，如果没有被秦人烧光，那么应该也都是形形色色的，可以让当今的人效仿印刻的书，不知道有多少？然而像《幽梦影》等这样的书出来后，不必再想古人的书了。

倪永清说：有著书的名声，而见不到书流传下来，省了多少别人的批评指责。

庞天池说：我只遗憾古人不能见到心斋。

第一百一十五则

以松花为粮，以松实为香，以松枝为麈尾，以松阴为步障[①]，以松涛为鼓吹。山居得乔松百余章[②]，真乃受用不尽。

施愚山曰：君独不记曾有松多大蚁之恨耶？

江含徵曰：松多大蚁，不妨便为蚁王。

石天外曰：坐乔松下，如在水晶宫中，见万顷波涛总在头上，真仙境也。

【注释】

①步障：古代的一种用来遮挡风尘、视线的屏幕。②章：大木材。

【译文】

以松花做粮食，以松树的果实做香料，以松树枝条做麈尾，以松树树荫作为屏障，以风吹松林声当作音乐。住在有百余棵大松树的山中，真是令人享用不尽的福分。

施愚山说：您唯独不记得曾经说松树多大蚂蚁的遗憾了吗？

江含徵说：松树上多大蚂蚁，不妨就做蚁王。

石天外曰：坐在大松树下，就犹如在水晶宫中，看见万顷波涛一直在头上，真是仙境啊。

第一百一十六则

玩月之法[①]，皎洁则宜仰观，朦胧则宜俯视。

孔东塘曰：深得玩月三昧[②]。

【注释】

①玩月：赏月。②三昧：指事物的诀窍、真谛。

【译文】

观赏月亮的方法在于，明亮洁白的月光适合仰望，朦胧的月光适合俯瞰。

孔东塘说：深深懂得赏月的真谛。

第一百一十七则

孩提之童，一无所知，目不能辨美恶，耳不能判清浊，鼻不能别香臭。至若味之甘苦，则不第知之，且能取之弃之。告子以甘食、悦色为性[①]，殆指此类耳。

【注释】

①告子：东周战国时思想家，曾受教于墨子，有口才，讲仁义。由于孟子在人性问题上和他有过几次辩论，因此他的学说有一鳞片甲记录在《孟子·告子》中。

【译文】

幼儿时期的孩子，什么都不知道，眼睛不能分辨美丑，耳朵不能判断声音的清浊，鼻子闻不出香臭。至于苦味还是甜味，则不仅知道，还能够选择。告子认为喜欢吃甜的食物、喜欢美色是人的本性，大概就是说的这个吧。

第一百一十八则

凡事不宜刻，若读书则不可不刻；凡事不宜贪，若买书则不可不贪；凡事不宜痴，若行善则不可不痴。

余淡心曰：读书不可不刻，请去一“读”字，移以赠我，何如？

张竹坡曰：我为刻书累，请并去一“不”字。

杨圣藻曰：行善不痴，是邀名矣。

【译文】

凡是不能太严苛，如果是读书则不能不刻苦；凡事不应该太贪心，如果是买书就不得不贪心了；凡事不能太痴迷，如果是做善事就不能不痴迷。

余淡心说：读书不能不严苛，请去掉一个“读”字，然后转赠给我，怎么样？

张竹坡说：我因为刻书印书劳累，请一并去掉“不”字。

杨圣藻说：做善事不痴迷的人，那是邀功名。

第一百一十九则

酒可好①，不可骂座②；色可好，不可伤生③；财可好，不可昧心；气可好，不可越理④。

袁中江曰：如灌夫使酒⑤，文园病肺⑥，昨夜南塘一出⑦，马上挟章台柳归⑧，亦自无妨。觉愈见英雄本色也。

【注释】

①好：喜欢。②骂座：辱骂同席之人。③伤生：伤害生命。④越理：违反义理，悖理。⑤灌夫：西汉人，为人勇武刚正，好饮酒骂人。⑥文园：指西汉文学家司马相

如，曾出任孝文园令。⑦南塘：秦淮河南岸。故事出自《世说新语·任诞》："祖车骑过江时，公私俭薄，无好服玩。王、庾诸公共就祖，忽见裘袍重叠，珍饰盈列。诸公怪问之，祖曰：'昨夜复南塘一出。'祖于时恒自使健儿鼓行劫钞，在事之人，亦容而不问。"祖，指祖逖。⑧马上挟章台柳归：故事出自唐代许尧佐的传奇《柳氏传》。

【译文】

可以好饮酒，但是不能酒后骂人耍酒疯；可以好美色，但是不能够沉迷伤身；可以喜欢钱财，但是不能昧了良心；可以脾气暴躁，但是不能违反义理。

袁中江说：就像灌夫喝醉了酒发泄不满，司马相如因与卓文君相好而引发痼疾，祖逖晚上带人出门抢劫，许俊马上带着章台柳氏归来，我认为也没什么，觉得更加显现了他们的英雄本色。

第一百二十则

文名可以当科第，俭德可以当货财[①]，清闲可以当寿考[②]。

聂晋人曰：若名人而登甲第，富翁而不骄奢，寿翁而又清闲，便是蓬壶三岛中人也[③]。

范汝受曰：此亦是贫贱文人无所事事，自为慰藉云耳，恐亦无实在受用处也。

曾青藜曰："无事此静坐，一日似两日。若活七十年，便是百四十。"此是"清闲当寿考"注脚。

石天外曰：得老子退一步法。

顾天石曰：予生平喜游，每逢佳山水辄留连不去，亦自谓可当园亭之乐。质之心斋[④]，以为然否？

【注释】

①俭德：俭约的品德。②寿考：年高，长寿。③蓬壶三岛：神话中渤海里仙人居住的三座神山——蓬莱、方丈、瀛洲。④质：问明，辨别，责问。

【译文】

文章写得好的名声可以代替科场及第，俭约的品德可以当作财富，清闲的日子可以代替长寿。

聂晋人说：如果名士登上甲第，富翁们不骄奢，寿翁们还清闲，那就是蓬壶三岛的神仙了。

范汝受说：这也就是贫苦卑微的文人无所事事，自己安慰自己的话罢了，恐怕没有什么实际意义。

曾青藜说："无事此静坐，一日似两日。若活七十年，便是百四十。"这是"清闲当寿考"的注解。

石天外说：领悟了老子退一步的方法。

顾天石说：我平生喜欢游历，每次遇到名山好水就留恋不离去，也可以自称为代替园亭之乐。我问心斋是否如此？

第一百二十一则

不独诵其诗、读其书，是尚友古人，即观其字画，亦是尚友古人处。

张竹坡曰：能友字画中之古人，则九原皆为之感泣矣[①]。

【注释】

①九原：指春秋时晋国卿大夫的墓地，后泛指墓地；亦指九泉、黄泉等。

【译文】

不仅仅朗诵他们的诗词、读他们著的书，是和古人为朋友，就连欣赏他们的字画，也是与古人交朋友的方式。

张竹坡说：能和字画中的古人为朋友，那么九泉之下的人都会感动到哭泣。

第一百二十二则

无益之施舍，莫过于斋僧；无益之诗文，莫甚于祝寿。

张竹坡曰：无益之心思，莫过于忧贫；无益之学问，莫过于务名。

殷简堂曰：若诗文有笔资[①]，亦未尝不可。

庞天池曰：有益之施舍，莫过于多送我《幽梦影》几册。

【注释】

①笔资：旧时称字画、文章的作者所得的报酬。

【译文】

没有益处的施舍，没有比施舍给僧人更糟的；没有益处的诗文，没有能超过祝寿的诗文的。

张竹坡说：没有益处的心思，就是忧虑贫穷；没有益处的学问，就是追求名声。

殷简堂说：如果诗文有报酬，也未尝不可以。

庞天池说：有益处的施舍，没有比多送我几册《幽梦影》更好的了。

第一百二十三则

妾美不如妻贤，钱多不如境顺。

张竹坡曰：此所谓竿头欲进步者。然妻不贤，安用妾美？钱不多，那得境顺？

张迂庵曰：此盖谓二者不可得兼，舍一而取一者也。又曰：世固有钱多而境不顺者。

【译文】

妾室美貌不如妻子贤惠，钱多不如处境顺利。

张竹坡说：这就是所说的百尺竿头更进一步。如果妻子不贤惠，侍妾美貌又有何用？如果钱不多，哪里来的顺境？

张迂庵曰：这大概就是两者不能兼得，舍一个得一个。又说：世上原本就有钱财多而境况不顺利的人。

第一百二十四则

创新庵不若修古庙，读生书不若温旧业。

张竹坡曰：是真会读书者，是真读过万卷书者，是真一书曾读过数遍者。

顾天石曰：惟《左传》《楚词》、马、班、杜、韩之诗文，及《水浒》《西厢》《还魂》等书，虽读百遍不厌。此外皆不耐温者矣，奈何？

王安节曰：今世建生祠，又不若创茅庵。

【译文】

建造新的寺庙不如修葺原来的庙宇，读没有读过的书不如温习已经读过的旧书。

张竹坡说：这是真会读书的人，是真读过万卷书的人，是真的一本书读过很多遍的人。

顾天石说：只有《左传》《楚辞》、司马迁、班固、杜甫、韩愈的诗文，及《水浒传》《西厢记》《还魂记》等书，即使读百遍也不厌烦。其他的都是读完就不想再读了，怎么办？

王安节说：当今世上的人修建生祠，又不如建造茅厕。

第一百二十五则

字与画同出一原。观六书始于象形[1]，则可知已。

江含徵曰：有不可画之字，不得不用六法也[2]。

张竹坡曰：千古人未经道破，却一口拈出。

【注释】

①六书：首见于《周礼》，清代以后一般指象形、指事、会意、形声、转注、假借，汉代学者把汉字的构成和使用方式归纳成六种类型，总称六书。②六法：是我国古代绘画的系统总结。

【译文】

文字和绘画产生自一个源头，看六书的文字从象形开始，便可以知道了。

江含徵说：有不能画的字，就不得不使用六法了。

张竹坡说：千百年来没有被人说破的事，您却一句话就说出来了。

第一百二十六则

忙人园亭[1]，宜与住宅相连；闲人园亭，不妨与住宅相远。

张竹坡曰：真闲人，必以园亭为住宅。

【注释】

①园亭：园林绿地中精致细巧的小型建筑物。

【译文】

忙碌的人的园林，应该和住宅相连接；清闲的人的园亭，不妨和住宅离得远一些。

张竹坡说：真正的闲人，必定会把园林用作住宅。

第一百二十七则

酒可以当茶，茶不可以当酒；诗可以当文，文不可以当诗；曲可以当词，词不可以当曲；月可以当灯，灯不可以当月；笔可以当口，口不可以当笔；婢可以当奴[①]，奴不可以当婢。

江含徵曰：婢当奴则太亲，吾恐"忽闻河东狮子吼"耳。

周星远曰：奴亦有可以当婢处，但未免稍逊耳。近时士大夫往往耽此癖[②]。吾辈驰骛之流[③]，盗此虚名，亦欲效颦相尚。滔滔者天下皆是也[④]，心斋岂未识其故乎？

张竹坡曰：婢可以当奴者，有奴之所有者也。奴不可以当婢者，有婢之所同有，无婢之所独有者也。

弟木山曰：兄于饮食之顷[⑤]，恐月不可以当灯。

余湘客曰：以奴当婢，小姐权时落后也。

宗子发曰：惟帝王家不妨以奴当婢，盖以有阉割法也。每见人家奴子出入主母卧房，亦殊可虑。

【注释】

①婢：被役使的女子。奴：男仆。②耽：沉溺，入迷。③驰骛（wù）：指在某一领域纵横自如，并有所建树。④滔滔：盛大，普遍。⑤顷：短时间。

【译文】

酒可以当作茶喝，茶不可以当作酒饮；诗可以当作文章，文章不可以当作诗；曲可以当作词，词不可以当作曲；月亮可以当作灯，灯不可以当作月亮；笔可以代替口，口不可以代替笔；婢女可以当作奴仆用，奴仆不可以当作婢女用。

江含徵说：婢女当作奴仆用太亲近了，我怕“忽闻河东狮子吼”。

周星远说：奴仆也有可以当作婢女用的地方，但是未免会稍稍逊色。最近士大夫往往沉迷于这种癖好。我们这些名噪一时的人，只空有这种虚名，也想要如东施效颦般效仿。普天之下到处都是这样，心斋没有意识到原因吗？

张竹坡说：婢女可以当作男仆的，（是因为）有男仆所具备的。男仆不能够当作婢女的，是其有婢女所具备的与男仆相同之处，但是没有婢女所独有之处。

弟木山说：兄长您在饮酒吃饭的时候，恐怕月亮不能当作灯。

余湘客说：用男仆作婢女，小姐要暂时落后了。

宗子发说：只有帝王家不妨用男奴当作婢女，大概因为有阉割法。经常见到人家的男奴出入女主人的卧房，也特别担心。

第一百二十八则

胸中小不平，可以酒消之；世间大不平，非剑不能消也。

周星远曰：“看剑引杯长”[①]，一切不平皆破除矣。

张竹坡曰：此平世的剑术，非隐娘辈所知[②]。

张迂庵曰：苍苍者未必肯以太阿假人[③]，似不能代作空空儿也[④]。

尤悔庵曰：龙泉太阿[⑤]，汝知我者，岂止苏子美以一斗读《汉书》耶[⑥]？

【注释】

①看剑引杯长：“检书烧烛短，看剑引杯长”，出自杜甫的《夜宴左氏庄》。意思是：点烛读书，烛火越烧越短；饮酒看剑，酒越喝越酣畅。②隐娘：聂隐娘，唐传奇中女侠。③苍苍者：上天。太阿：又名泰阿，十大名剑之一。假：借。④空空儿：出自唐代裴铏《传奇·聂隐娘》：“隐娘曰：‘后夜当使妙手空空儿继至。’”⑤龙泉：宝剑名称。⑥苏子美：即苏舜钦，字子美，号沧浪翁，宋代绵州盐泉人，传说他夜里读《汉书》，都要喝掉一斗酒。

【译文】

胸中小有不平，可以用酒消除；世间极为不平之事，只有剑才能够消除。

周星远说："看剑引杯长"，一切不平就都能消除了。

张竹坡说：这消除世间不平的剑术，不是聂隐娘这样的人能够知晓的。

张迂庵说：上天未必肯把太阿宝剑借给人，似乎不能代替妙手空空儿。

尤悔庵说：龙泉太阿宝剑，你们是我的知己，岂能像苏舜钦那样读《汉书》就要喝一斗酒呢？

第一百二十九则

不得已而谀之者，宁以口，毋以笔；不可耐而骂之者，亦宁以口，毋以笔。

孙豹人曰：但恐未必能自主耳。

张竹坡曰：上句立品，下句立德。

张迂庵曰：匪惟立德，亦以免祸。

顾天石曰：今人笔不谀人，更无用笔之处矣。心斋不知此苦，还是唐宋以上人耳。

陆云士曰：古笔铭曰："毫毛茂茂，陷水可脱，陷文不活。"正此谓也。亦有谀以笔而实讥之者，亦有骂以笔而若誉之者，总以不笔为高。

【译文】

不得已要谄媚奉承的，宁可用嘴说，不要用笔写；不能够忍耐而要骂人的，宁可用嘴说，不要用笔写。

孙豹人说：只怕不能自己做主。

张竹坡说：上一句是树立人品，下一句是树立德行。

张迂庵说：不仅仅是树立德行，也是为了免除灾祸。

顾天石说：当今的人若不用笔阿谀奉承别人，更没有用笔的地方了。心斋不知道这种苦，他还是唐宋以上之人。

陆云士说：古代有人写：“毫毛茂茂，陷水可脱，陷文不活。”正是说的这个意思。也有用笔阿谀奉承而实际上行讥讽的人，也有人用笔骂人却像称赞人。但大体来说还是不用笔为上策。

第一百三十则

多情者必好色，好色者未必尽属多情；红颜者必薄命，而薄命者未必尽属红颜；能诗者必好酒，而好酒者未必尽属能诗。

张竹坡曰：情起于色者，则好色也，非情也；祸起于颜色者，则薄命在红颜否？则亦止曰：命而已矣。

洪秋士曰：世亦有能诗而不好酒者。

【译文】

多情的人必然好色，但是好色的人未必都是多情的人；貌美的女子命运一定不好，而命运不好的不一定都是貌美的女子；擅长写诗的人一定喜欢饮酒，但喜欢饮酒的人不一定都能作诗。

张竹坡说：多情起源于美色的，则是好色，并非多情；祸事起源于美貌的，那命运不好是因为貌美吗？也只能说：命运而已。

洪秋士说：世上也有擅长作诗而不喜欢喝酒的人。

第一百三十一则

梅令人高，兰令人幽，菊令人野，莲令人淡，春海棠令人艳，牡丹令人豪，蕉与竹令人韵，秋海棠令人媚，松令人逸，桐令人清，柳令人感。

张竹坡曰：美人令众卉皆香，名士令群芳俱舞。

尤谨庸曰：读之惊才绝艳，堪采入《群芳谱》中。

【译文】

梅花使人感到高洁，兰花使人感到幽雅，菊花使人感到山野的情趣，莲花让人感觉恬淡寡欲，春海棠使人感到娇艳，牡丹使人感觉豪华雍容，芭蕉和竹子让人感觉风韵雅致，秋海棠使人感到多姿妩媚，松树使人感到超脱飘逸，梧桐树使人感到清高，柳树使人多愁善感。

张竹坡说：美人使这些花卉都香气扑鼻，名士使这些花都翩翩起舞。

尤谨庸说：读这段话觉得才华惊人、文辞瑰丽，可以写入《群芳谱》中。

第一百三十二则

物之能感人者，在天莫如月，在乐莫如琴，在动物莫如鹃，在植物莫如柳。

【译文】

世间万物中能够令人感动的，在天上莫过于月亮，在乐器中莫过于琴，在动物中莫过于杜鹃，在植物中莫过于柳树。

第一百三十三则

妻子颇足累人，羡和靖梅妻鹤子[①]；奴婢亦能供职，喜志和樵婢渔奴[②]。

尤悔庵曰：梅妻鹤子，樵婢渔童，可称绝对。人生眷属，得此足矣。

【注释】

①和靖：即宋代的林逋，他在西湖孤山隐居，以梅为妻，以鹤为子。宋仁宗赐谥“和靖”。②志和樵婢渔奴：志和，即张志和，唐代婺州金华人，善歌词，多写闲散生活。樵婢渔奴，典出《全唐文》卷三百四十，肃宗尝赐奴婢各一，玄真（即张志和）配为夫妻，名夫曰渔童，妻曰樵青。

【译文】

娶妻生子是很累人的，羡慕林逋以梅花为妻子，以仙鹤为孩子；奴仆婢女也都能各司其职，喜欢张志和用樵青做婢女，用渔童做奴仆。

尤悔庵说：梅妻鹤子，樵婢渔童，可以称为绝对。人生眷属，能够这样就知足了。

第一百三十四则

涉猎虽曰无用，犹胜于不通古今；清高固然可嘉，莫流于不识时务。

黄交三曰：南阳抱膝时[①]，原非清高者可比。

江含徵曰：此是心斋经济语[②]。

张竹坡曰：不合时宜则可，不达时务，奚其可[③]？

尤悔庵曰：名言，名言！

【注释】

①南阳抱膝时：这里指诸葛亮在南阳隐居的时候。②经济：经世济民。③奚：哪里，怎么。

【译文】

粗略地浏览虽然说没什么用，但是总好过对古今事一无所知；清高固然值得表扬，但是不要变成不识时务。

黄交三说：诸葛亮在南阳隐居的时候，那不是清高的人可以相比的。

江含徵说：这是心斋经世济民的话。

张竹坡说：不合时宜可以，但是不识时务，那能行吗？

尤悔庵说：名言，名言！

第一百三十五则

所谓美人者，以花为貌，以鸟为声，以月为神，以柳为态，以玉为骨，以冰雪为肤，以秋水为姿，以诗词为心，吾无间然矣[①]。

冒辟疆曰：合古今灵秀之气，庶几铸此一人[②]。

江含徵曰：还要有松蘖之操才好[③]。

黄交三曰：论美人而曰“以诗词为心”，真是闻所未闻。

【注释】

①无间然：无可挑剔，没法再说什么。语出《论语·泰伯》：“禹，吾无间然矣。”②庶：表示希望发生或出现某事，进行推测，但愿，或许。几：将近，差一点。铸：造就。③蘖（niè）：即黄蘖，落叶乔木，性寒味苦。

【译文】

人们所说的美人，有花一样的容颜，鸟儿一样清脆的声音，月亮一样的神情，杨柳一样的体态，宝玉一样的骨骼，冰雪一样的肌肤，秋水一样明亮的眼睛，诗词一样的心灵，我觉得就完美了。

冒辟疆说：聚集古今的灵气，希望能够造就这样一位美人。

江含徵说：还要有松树和黄蘖的品质才好。

黄交三说：谈论美人而说“以诗词为心”，真是从来没有听说过。

第一百三十六则

蝇集人面，蚊嘬人肤[①]，不知以人为何物？

陈康畴曰：应是头陀转世[②]，意中但求布施也。

释菌人曰：不堪道破。

张竹坡曰：此《南华》精髓也[③]。

尤悔庵曰：正以人之血肉，只堪供蝇蚊咀嘬耳。以我视之，人也；自蝇蚊视之，何异腥膻臭腐乎[④]？

陆云士曰：集人面者，非蝇而蝇；嘬人肤者，非蚊而蚊。明知其为人也，而集之嘬之，更不知其以人为何物。

【注释】

①嘬（zuō）：咬，叮。②头陀：出自梵语，原意为浣洗烦恼，佛教僧侣所修的苦行。后世也用以指行脚乞食的僧人。③《南华》：即《南华真经》，《庄子》的别名。④腥膻（shān）臭腐：腥臭腐败之物。

【译文】

苍蝇聚集在人的脸上，蚊子叮人的皮肤，不知道它们把人当成什么？

陈康畴说：应该是行脚乞食的僧人转世，潜意识里想得到布施。

释菌人说：不能说破。

张竹坡说：这是《南华真经》的精髓。

尤悔庵说：正是人的血肉只堪供蝇蚊叮咬啊。以我自己看自己，是人；在蝇蚊看来，跟腥臭腐败的东西有什么区别？

陆云士说：聚集在人的脸上的，本非苍蝇却是苍蝇；叮咬人的皮肤的，本非蚊子却是蚊子。明知道是人，还聚集在他身上叮咬，更不知道把人当什么东西。

第一百三十七则

有山林隐逸之乐而不知享者，渔樵也、农圃也、缁黄也[①]；有园亭姬妾之乐而不能享、不善享者，富商也、大僚也。

弟木山曰：有山珍海错而不能享者，庖人也。有牙签玉轴而不能读者[②]，蠹鱼也[③]、书贾也[④]。

【注释】

①缁（zī）黄：指僧道。僧人缁服，道士黄冠，故称。②牙签玉轴：卷型古书的标签和卷轴，借指书籍。③蠹（dù）鱼：又称蠹、衣鱼、壁鱼、书虫或衣虫，是一种灵巧、怕光、无翅的昆虫。④书贾：书商。

【译文】

有山林隐居的乐趣而不知道享受的，是渔人和樵夫，农夫和僧道；有园林亭榭妻妾的快乐而不能享受、不善于享受的，是富商和大官。

弟木山说：有山珍海味而不能享受的，是厨师；有各种书籍而不能读的，是蠹鱼和书商。

第一百三十八则

黎举云：“欲令梅聘海棠，枨子想是橙臣樱桃[①]，以芥嫁笋，但时不同耳。”予谓物各有偶，拟必于伦。今之嫁娶，殊觉未当。如梅之为物，品最清高；棠之为物，姿极妖艳。即使同时，亦不可为夫妇。不如梅聘梨花，海棠嫁杏，橼臣佛手[②]，荔枝臣樱桃，秋海棠嫁雁来红，庶几相称耳。至若以芥嫁笋，笋如有知，必受河东狮子之累矣。

弟木山曰：余尝以芍药为牡丹后，因作贺表一通。兄曾云："但恐芍药未必肯耳。"

石天外曰：花神有知，当以花果数升谢蹇修矣[③]。

姜学在曰：雁来红做新郎，真个是老少年也。

【注释】

①枨（chéng）子：橙子。②橼（yuán）：又名枸橼，为芸香科柑橘属植物。③蹇（jiǎn）修：指媒人。

【译文】

黎举说："想要让梅花娶海棠，枨子想是橙臣服于樱桃，让芥菜嫁给竹笋，但是它们生长的时令不同。"我认为万物都有各自的配偶，必须要跟同类相配。前面说的这种嫁娶，觉得特别不恰当。比如梅花这种植物，品行最清高；而海棠这种植物非常妖娆艳丽，即使生长的时令相同也不能成为夫妻。不如梅花娶梨花，海棠嫁给杏花，橼臣服于佛手，荔枝臣服于樱桃，秋海棠嫁给雁来红，但愿这样差不多相称。至于将芥菜嫁给竹笋，竹笋如果能够感知的话，一定会受到河东狮吼的折磨了。

弟木山说：我曾经将芍药作为牡丹的皇后，因为这个还写了贺表。兄长曾经说："只怕芍药未必肯。"

石天外说：如果花神能够知道的话，应该拿数升花果来感谢媒人。

姜学在说：雁来红做新郎，真是个老少年了。

第一百三十九则

五色有太过[①]，有不及，惟黑与白无太过。

杜茶村曰：居独不闻唐有李太白乎？

江含徵曰：又不闻"玄之又玄"乎[②]？

尤悔庵曰：知此道者，其惟弈乎？老子曰："知其白，守其黑。"

【注释】

①五色：青、黄、赤、白、黑五色，也泛指各种色彩。②玄之又玄：指大道深奥玄远，不可测量，出自《老子》，玄这里指黑色。

【译文】

青、黄、赤、白、黑五色中有太鲜艳的，有太素淡的，只有黑和白没有太过分。

杜茶村说：难道没有听说过唐朝有李太白吗？

江含徵说：又没有听说过"玄之又玄"吗？

尤悔庵说：知道这个道理的，只有下棋吧？老子说："知其白，守其黑。"

第一百四十则

许氏《说文》分部，有止有其部而无所属之字者，下必注云："凡某之属，皆从某。"赘句殊觉可笑，何不省此一句乎？

谭公子曰：此独民县到任告示耳。

王司直曰：此亦古史之遗。

【译文】

许慎的《说文解字》按部首划分，遇到只有部首没有所属之字的，下面必定注释上："凡某之属，皆从某。"这些多余的句子真是好笑，为何不去掉这一句呢？

谭公子说：这是只有一个百姓的县城的县令的到任告示。

王司直说：这也是古代历史的遗迹。

第一百四十一则

阅《水浒传》至鲁达打镇关西、武松打虎，因思人生必有一桩极快意事，方不枉在生一场。即不能有其事，亦须著得一种得意之书，庶几无憾耳！如李太白有贵妃捧砚事，司马相如有文君当垆事，严子陵有足加帝腹事，王之涣、王昌龄有旗亭画壁事，王子安有顺风过江作《滕王阁序》事之类。

张竹坡曰：此等事，必须无意中方做得来。

陆云士曰：心斋所著得意之书颇多，不止一打快活林、一打景阳岗称快意矣。

弟木山曰：兄若打中山狼①，更极快意。

【注释】

①中山狼：比喻恩将仇报的人。

【译文】

阅读《水浒传》读到鲁智深打镇关西、武松打虎时，想到人生必须要有一件极其快意的事情，才不枉活一世。即使不能有这样的事，也必须要写一本得意的书，这样大概就不会有遗憾了！就如李白有杨贵妃为他捧砚台，司马相如有卓文君为他当垆卖酒，严光把脚放在东汉光武帝刘秀的肚子上，王之涣、王昌龄有旗亭画壁的事，王勃有顺风过江作出《滕王阁序》的事等。

张竹坡说：这样的事，是在无意中才能够做成的。

陆云士说：心斋所著的得意之书很多，不只一打快活林、一打景阳岗才称得上快意之事。

弟木山说：兄长如果打中山狼一样的人，更加快意。

第一百四十二则

春风如酒，夏风如茗，秋风如烟，如姜芥。

许筠庵曰：所以秋风客气味狠辣①。

张竹坡曰：安得东风夜夜来？

【注释】

①秋风客：以各种借口向人索要财物的客人。

【译文】

春风和煦，让人感觉像喝过酒一样温暖；夏风凉爽，让人觉得像喝过茶一样清爽；秋风萧瑟，像烟一样让人流泪感伤，又像芥末和姜一样辛辣。

许鋐庵说：所以打秋风的人都神态狠辣。

张竹坡说：怎么能让东风夜夜都吹来呢？

第一百四十三则

冰裂纹极雅[①]，然宜细，不宜肥；若以之作窗栏，殊不耐观也。冰裂纹须分大小，先作大冰裂，再于每大块之中作小冰裂，方佳。

江含徵曰：此便是哥窑纹也。

靳熊封曰："一片冰心在玉壶"，可以移赠。

【注释】

①冰裂纹：又称开片，是一种古老的汉族陶瓷烧制工艺，原属于龙泉青瓷中的一个品种，因其纹片如冰破裂，裂片层叠，有立体感而称之。

【译文】

冰裂纹瓷器非常雅致，但是裂纹适宜细小，不适宜粗大。如果用它来作窗栏，就特别不耐看。冰裂纹需要分大小，先做大的，再在大块中做成小块的，这才好。

江含徵说：这便是哥窑纹。

靳熊封说："一片冰心在玉壶"，可以拿来相赠。

第一百四十四则

鸟声之最佳者，画眉第一，黄鹂、百舌次之。然黄鹂、百舌，世未有笼而蓄之者，其殆高士之俦[①]，可闻而不可屈者耶？

江含徵曰：又有"打起黄莺儿"者，然则亦有时用他不着。

陆云士曰："黄鹂住久浑相识，欲别频啼四五声"，来去有情，正不必笼而畜之也。

【注释】

①殆：大概，几乎。俦（chóu）：同辈，伴侣。

【译文】

鸟中啼叫得最动听的，画眉鸟第一，黄鹂和百舌次之。然而黄鹂和百舌，世上没有人把它们放在笼子里养着的。它们大概属于隐士们的伴侣吧，可以听它的声音，但是不能让它屈服于人类。

江含徵说：又有“打起黄莺儿”的，可见也有用不着它的时候。

陆云士说：“黄鹂住久浑相识，欲别频啼四五声”，来时和离去的时候都有感情，这正是不用笼子关起来的原因。

第一百四十五则

不治生产[1]，其后必致累人；专务交游[2]，其后必致累己。

杨圣藻曰：晨钟夕磬[3]，发人深省。

冒巢民曰[4]：若在我，虽累人累己，亦所不悔。

宗子发曰：累己犹可，若累人则不可矣。

江含徵曰：今之人未必肯受你累，还是自家稳些的好。

【注释】

①治：从事，研究。生产：谋生之业。②务：从事，致力。交游：交际，结交朋友。③磬（qìng）：佛寺中使用的一种钵状物，用铜铁铸成，既可以作为念经时的打击乐器，亦可以敲响集合寺众。④冒巢民：即冒襄。

【译文】

不从事生产劳动，将来一定会拖累别人；只致力于交朋友应酬，最后必定让自己受累。

杨圣藻说：这话就像清晨的钟声和晚上的磬声，让人深刻反省。

冒巢民说：对于我而言，即使拖累别人拖累自己，也不后悔。

宗子发说：使自己受累还可以，如果拖累别人就不可以了。

江含徵说：当今的人未必肯让你拖累，还是自己稳妥些好。

第一百四十六则

昔人云：“妇人识字，多致诲淫。”予谓此非识字之过也。盖识字则非无闻之人，其淫也，人易得而知耳。

张竹坡曰：此名士持身不可不加谨也。

李若金曰：贞者识字愈贞，淫者不识字亦淫。

【译文】

古人曾说："女人认识字，更容易不守贞节。"我认为这不是识字的过错。因为识字的妇人应该不是默默无闻的人，她的淫荡，人们很容易知道罢了。

张竹坡说：这就是名士要把握好自己的言行的缘故。

李若金说：忠贞的人识字了会更加忠贞，淫荡的人不识字也淫荡。

第一百四十七则

善读书者，无之而非书[①]：山水亦书也，棋酒亦书也，花月亦书也。善游山水者，无之而非山水：书史亦山水也，诗酒亦山水也，花月亦山水也。

陈鹤山曰：此方是真善读书人，善游山水人。

黄交三曰：善于领会者，当作如是观。

江含徵曰：五更卧被时，有无数山水书籍在眼前胸中。

尤悔庵曰：山耶，水耶，书耶？一而二，二而三，三而一者也。

陆云士曰：妙舌如环，真慧业文人之语[②]。

【注释】

①之：代词，代替人或事物。②慧业文人：有文学方面的天才并与文字结成业缘的人。

【译文】

喜欢并擅长读书的人，没有什么不能当作书的：山水也是书，棋酒也是书，花月也是书。喜欢并擅长游山玩水的人，在他们眼里没有什么不是山水：书史也是山水，诗酒也是山水，花月也是山水。

陈鹤山说：这才是真正善于读书的人，善于游览山水的人。

黄交三说：善于领悟的人，应当会有这种观点。

江含徵说：五更在被子里的时候，有无数山水书籍在眼前和胸中。

尤悔庵说：是山，是水，是书？一而二，二而三，三者是一样的。

陆云士说：言辞巧妙，真是与文字结为业缘的人才能说出的话。

第一百四十八则

园亭之妙，在邱壑布置，不在雕绘琐屑[①]。往往见人家园亭，屋脊墙头，雕砖镂瓦，非不穷极工巧，然未久即坏，坏后极难修葺。是何如朴素之为佳乎？

江含徵曰：世间最令人神怆者[②]，莫如名园雅墅，一经颓废，风台月榭[③]，埋没荆棘。故昔之贤达，有不欲置别业者[④]。予尝过琴虞[⑤]，留题名园句有云："而今绮砌雕阑在，剩与园丁作业钱。"盖伤之也。

弟木山曰：予尝悟作园亭与作光棍二法：园亭之善在多回廊，光棍之恶在能结讼[⑥]。

【注释】

①雕绘琐屑：雕刻绘制那些细小的东西。②怆（chuàng）：悲伤。③风台月榭（xiè）：敞露透风的观月台榭。④别业：别墅。⑤琴：指琴川，江苏常熟的别名。虞：指虞城。⑥讼：在法庭上争辩是非曲直，打官司。

【译文】

园林亭榭的巧妙，在于山石沟壑的布置，而不是精雕细琢那些琐碎的小细节。经常看见人家的园林亭榭，屋顶、墙头上的雕砖镂瓦都是精雕细琢，工艺精湛，然后不久便坏了，坏了以后非常难修复，是不是不如简单朴素的好呢？

江含徵说：世间最让人感到悲伤的，就是名园雅墅，一旦坍塌荒废，透风的亭台和观月的台榭，都埋没在荆棘之中。因此古代贤达的人中就有不想要置办别墅的。我曾经经过琴川虞城，在有名的园林中题字说："而今绮砌雕阑在，剩与园丁作业钱。"大概就是感伤这个吧。

弟木山说：我曾经领悟建造园林亭榭与当光棍的两个法则：园林亭榭的美好在于有很多的回廊；光棍的可恶在于能结官司。

第一百四十九则

清宵独坐，邀月言愁；良夜孤眠，呼蛩语恨[①]。

袁士旦曰：令我百端交集。

黄孔植曰：此逆旅无聊之况，心斋亦知之乎？

【注释】

①蛩（qióng）：蟋蟀。

【译文】

清静的夜晚独自坐着，邀请明月来排遣惆怅；美好的夜晚却孤独难以入睡，呼唤蟋蟀来诉说孤恨。

袁士旦说：让我感到百感交集。

黄孔植说：这种旅途无聊的境况，心斋也能感受到吗？

第一百五十则

官声采于舆论，豪右之口与寒乞之口俱不得其真[①]；花案定于成心[②]，艳媚之评与寝陋之评概恐失其实[③]。

黄九烟曰：先师有言："不如乡人之善者好之；其不善者恶之。"

李若金曰：豪右而不讲分上[④]，寒乞而不望推恩者，亦未尝无公论。

倪永清曰：我谓众人唾骂者，其人必有可观。

【注释】

①豪右：豪门大族，汉以"右"为上，故称豪右。②花案：旧指评定妓女名次的名单。成心：故意地，偏见。③艳媚：艳丽娇媚。寝陋：容貌丑陋。④分上：照顾情面。

【译文】

做官的声誉来自于大众的舆论，从豪门大族和寒酸乞丐口中都得不到客观的评论。花案的定夺在于评判者的成见，容貌艳丽和丑陋的说法恐怕都不是实情。

黄九烟说：先师曾经说过："不如乡人之善者好之；其不善者恶之。"

李若金说：富豪大族中不讲究情面的人，寒酸的乞丐中不期望受到恩惠的人，也不是没有公平的言论。

倪永清说：我认为大家都唾骂的人，必定有可欣赏的地方。

第一百五十一则

胸藏邱壑，城市不异山林；兴寄烟霞，阎浮有如蓬岛[①]。

【注释】

①阎浮：泛指人间。

【译文】

胸中藏有丘壑，生活在城市和居住在山林都一样；兴致寄托于烟霞云雾，即使生活在人世间也犹如在蓬莱仙岛一样。

第一百五十二则

梧桐为植物中清品，而形家独忌之[①]，甚且谓“梧桐大如斗，主人往外走”，若竟视为不祥之物也者。夫剪桐封弟[②]，其为宫中之桐可知；而卜世最久者，莫过于周。俗言之不足据，类如此夫！

江含徵曰：爱碧梧者，遂艰于白镪[③]，造物盖忌之，故靳之也[④]。有何吉凶休咎之可关[⑤]？只是打秋风时光棍样可厌耳。

尤悔庵曰：“梧桐生矣，于彼朝阳。”《诗》言之矣。

倪永清曰：心斋为梧桐雪千古之奇冤，百卉俱当九顿[⑥]。

【注释】

①形家：旧时以相度地形吉凶，为人选择宅基、墓地为业的人。②剪桐封弟：周武王逝世后，太子姬诵继承了王位，史称周成王。据说成王即位时年仅十三岁，因为成王年幼，由周公代摄国政。有一天成王和弟弟叔虞一起游戏时，将一片梧桐叶剪成玉圭的形状交给了弟弟：“我就用这个来分封你吧。”几天后，周公请求成王选择吉日封叔虞为侯，成王说：“我和他开玩笑呢。”周公道：“天子无戏言，天子说出的话，史官要如实记载它，乐工要唱诵它，士大夫要传扬它。”于是，周成王把唐封给了叔虞。叔虞日后也就被称为唐叔虞。③白镪（qiǎng）：古代当作货币的银子。④靳：吝惜，不肯给予。⑤休咎：吉凶，善恶。⑥九顿：九叩首。

【译文】

梧桐树是植物中的上等品种，而选墓地的风水先生却很忌讳它，甚至说“梧桐大如斗，主人往外走”，竟然把它视为不祥之物。从周成王“剪桐封弟”的事可以知道宫中有梧桐树；而国运最久的便是周朝。因此这种世俗的说法没有根据，大概都像这样吧！

江含徵说：喜欢梧桐树的人，于是经济就很拮据，大概是造物主嫉妒吧，因此很吝啬不肯给他。有什么祸福吉凶的关联呢？只是梧桐在秋风中瑟瑟的样子像光棍无赖一样让人讨厌!

尤悔庵说:“梧桐生矣,于彼朝阳。”《诗经》中已经说过了。

倪永清说:心斋为梧桐洗刷了千古奇冤,百花都应该向他行九叩首的大礼。

第一百五十三则

多情者不以生死易心,好饮者不以寒暑改量,喜读书者不以忙闲作辍[1]。

朱其恭曰:此三言者,皆是心斋自为写照。

王司直曰:我愿饮酒、读《离骚》,至死方辍,何如?

【注释】

①辍(chuò):中止,停止。

【译文】

多情的人不会因为生死而变心,喜欢饮酒的人不会因为季节的变化而改变喝酒的量,喜欢读书的人不会因为忙碌或清闲而读或者不读。

朱其恭说:此三句话,皆是心斋自己的写照。

王司直说:我愿意饮酒、读《离骚》,到死才停止,怎么样?

第一百五十四则

蛛为蝶之敌国,驴为马之附庸。

周星远曰:妙论解颐,不数晋人危语隐语[1]。

黄交三曰:自开辟以来,未闻有此奇论。

【注释】

①解颐:开颜欢笑。不数:不亚于。危语:使人恐惧的话。隐语:暗示的话语,即谜语。

【译文】

蜘蛛是蝴蝶的天敌,驴是马的附属。

周星远说:这么精妙的言论让人发笑,不亚于晋人的危语和隐语。

黄交三说:开天辟地以来,还没有听说过这么新奇的言论。

第一百五十五则

立品须发乎宋人之道学[1]，涉世须参以晋代之风流。

方宝臣曰：真道学未有不风流者。

张竹坡曰：夫子自道也。

胡静夫曰：予赠金陵前辈赵容庵句云："文章鼎立庄骚外，杖履风流晋宋间[2]。"今当移赠山老。

倪永清曰：等闲地位，却是个双料圣人。

陆云士曰：有不风流之道学，有风流之道学，有不道学之风流，有道学之风流，毫厘千里。

【注释】

①宋人之道学：宋代儒家周敦颐、张载、程颢、程颐、朱熹等的哲学思想。

②杖履（lǚ）：手杖和鞋子。

【译文】

树立品行必须发扬宋代儒家的哲学思想，立身处世需要参考晋人洒脱旷达的风采。

方宝臣说：真正的道学家没有不风流的。

张竹坡说：这是在说自己。

胡静夫说：我赠金陵前辈赵容庵的话里有："文章鼎立庄骚外，杖履风流晋宋间。"现在应当拿来送给山老。

倪永清说：普通的地位，却是双料圣人。

陆云士说：有不风流的道学家，有风流的道学家，有不严谨端正的名士，有严谨端正的名士，因为细微的差别而大不同。

第一百五十六则

古谓禽兽亦知人伦。予谓匪独禽兽也，即草木亦复有之。牡丹为王，芍药为相，其君臣也；南山之乔，北山之梓[1]，其父子也。荆之闻分而枯[2]，闻不分而活，其兄弟也；莲之并蒂，其夫妇也；兰之同心，其朋友也。

江含徵曰：纲常伦理，今日几于扫地[3]，合向花木鸟兽中求之。又曰：心斋不喜迂腐，此却有腐气。

【注释】

①梓（zǐ）：落叶乔木。②荆：落叶灌木，叶有长柄，掌状分裂，开蓝紫色小花，枝条可以编筐篮等。③扫地：比喻除尽，丢光。

【译文】

古人认为禽兽也知道人伦道德。我认为不仅仅是禽兽，花草树木也有伦理纲常。牡丹是花中之王，芍药是花中宰相，它们是君臣；南山的乔木，北山的梓树，它们是父子；紫荆树听说要分开而枯死，知道不分而又复活，它们是兄弟；并蒂而生的莲花，它们是夫妇；兰花同心而生，它们是朋友。

江含徵说：纲常伦理，当今几乎都丢光了，而向花木鸟兽中寻求。又说：心斋不喜欢迂腐的言论，这番话却有腐气。

第一百五十七则

豪杰易于圣贤，文人多于才子。

张竹坡曰：豪杰不能为圣贤，圣贤未有不豪杰。文人才子亦然。

【译文】

豪杰比圣贤容易做，文人比才子多。

张竹坡说：豪杰不能成为圣贤，圣贤没有不是豪杰的。文人和才子也是这样。

第一百五十八则

牛与马，一仕而一隐也；鹿与豕[①]，一仙而一凡也。

杜茶村曰：田单之火牛[②]，亦曾效力疆场；至马之隐者，则绝无之矣。若武王归马于华山之阳，所谓勒令致仕者也[③]。

张竹坡曰："莫与儿孙作马牛"，盖为后人审出处语也[④]。

【注释】

①豕（shǐ）：猪。②田单之火牛：指战国时齐国将领田单，他曾用火牛攻击燕军。③致仕：交还官职，即退休。④审：仔细思考，反复分析、推究。

【译文】

牛和马，一个是仕官，一个是隐士；鹿和猪，一个是神仙，一个是凡人。

杜茶村说：田单的火牛，也曾经在疆场效力；而马中的隐士，则绝对没有。犹如周武王把马放归于华山南面，就是所说的勒令辞官。

张竹坡说："莫与儿孙作马牛"，大概是为后人考虑去处而说的话。

第一百五十九则

古今至文[1]，皆血泪所致。

吴晴岩曰：山老《清泪痕》一书，细看皆是血泪。

江含徵曰：古今恶文，亦纯是血。

【注释】

①至：极、最。

【译文】

从古到今最好的文章，都是作者用血泪写成的。

吴晴岩说：山老的《清泪痕》一书，细看都是血泪。

江含徵说：从古至今的坏文章，也都是血写成的。

第一百六十则

"情"之一字，所以维持世界[1]；"才"之一字，所以粉饰乾坤。

吴雨若曰：世界原从情字生出。有夫妇，然后有父子；有父子，然后有兄弟；有兄弟，然后有朋友；有朋友，然后有君臣。

释中洲曰：情与才缺一不可。

【注释】

①所以：所用，用来。

【译文】

"情"这个字，是用来保持世界继续存在的；"才"这个字，是用来装饰点缀这天地人间的。

吴雨若说：世界原本就是从情字生出来的。有了夫妇，然后才有父子；有了父子，然后才有兄弟；有了兄弟，然后才有朋友；有了朋友，然后才有君臣。

释中洲说：情与才缺一不可。

第一百六十一则

孔子生于东鲁[①]，东者生方[②]，故礼乐文章，其道皆自无而有；释迦生于西方，西者死地[③]，故受想行识[④]，其教皆自有而无。

吴街南曰：佛游东土，佛入生方；人望西天，岂知是寻死地？呜呼！西方之人兮，之死靡他[⑤]。

殷日戒曰：孔子只勉人生时用功，佛氏只教人死时作主，各自一意。

倪永清曰：盘古生于天心，故其人在不有不无之间。

【注释】

①东鲁：原指春秋鲁国，后指鲁地（今山东省）。②生方：吉方。③死地：绝境。④受想行识：佛教用语，“五蕴皆空”中“五蕴”中除了“色蕴”之后的四蕴。出自《般若波罗蜜多心经》。⑤之死靡（mí）他：意思为到死也不变心。之，到。靡，没有。他，别的。

【译文】

孔子出生在鲁地，东方是吉利兴旺的方向，因此那里讲礼乐文章，它们的道统都是从无到有的。释迦牟尼出生于西方，西方是绝境死亡之地，因此一切都是空的，他的教义都是从有到无。

吴街南说：佛法来到东土，佛法是进入了生方；人期望西天，哪里知道那是死亡之地？呜呼！西方的人啊，到死心都不变。

殷日戒说：孔子只鼓励人们活着的时候用功，佛教只教导人们死的时候做主，各自有各自的说法。

倪永清说：盘古生于天的中心，因此这个人在有和无之间。

第一百六十二则

有青山方有绿水，水惟借色于山；有美酒便有佳诗，诗亦乞灵于酒。

李圣许曰：有青山绿水，乃可酌美酒而咏佳诗，是诗酒又发端于山水也。

【译文】

有青山才有绿水，水必须凭借山的颜色；有美酒便会有好诗，好诗的灵感靠美酒来启发。

李圣许说：有青山绿水，才可以饮美酒咏好诗，所以诗酒又起源于青山绿水。

第一百六十三则

严君平[①]，以卜讲学者也；孙思邈[②]，以医讲学者也；诸葛武侯，以出师讲学者也。

殷日戒曰：心斋殆又以《幽梦影》讲学者耶？

戴田友曰：如此讲学，才可称道学先生。

【注释】

①严君平：名遵，西汉蜀郡人。一生不仕，以卜筮为业，以此宣扬忠孝之道。②孙思邈：唐代医学家。

【译文】

严遵，靠占卜来讲授学问；孙思邈，用医术来传授讲解学问；诸葛亮，靠出兵布阵打仗来讲授学问。

殷日戒说：心斋大概是用《幽梦影》来讲授学问的人吧？

戴田友说：如此讲学，才可以称为道学先生。

第一百六十四则

人则女美于男，禽则雄华于雌，兽则牝牡无分者也[①]。

杜于皇曰：人亦有男美于女者，此尚非确论。

徐松之曰：此是茶村兴到之言[②]，亦非定论。

【注释】

①牝（pìn）牡：分别指雌兽和雄兽。②茶村：杜濬，原名诏先，字于皇，号茶村。

【译文】

人类中女人比男人貌美，禽类中雄性要比雌性华丽，兽类中则雄雌分不出美丑。

杜于皇说：人类也有男子比女子美的，这还不是确定的言论。

徐松之说：这是杜于皇一时兴起的言论，也不是定论。

第一百六十五则

镜不幸而遇嫫母[1]，砚不幸而遇俗子，剑不幸而遇庸将，皆无可奈何之事。

杨圣藻曰：凡不幸者，皆可以此概之。

闵宾连曰：心斋案头无一佳砚，然诗文绝无一点尘俗气，此又砚之大幸也。

曹冲谷曰：最无可奈何者，佳人定随痴汉。

【注释】

①嫫（mó）母：丑女。

【译文】

镜子不幸遇到丑女，砚台不幸遇到俗人，宝剑不幸遇到平庸的将军，都是无可奈何的事情。

杨圣藻说：凡是不幸的人，都可以用这个来概括。

闵宾连说：心斋书案上没有一方好的砚台，然而他的诗文绝对没有一点尘世的俗气，这又是砚台的幸运。

曹冲谷说：最无可奈何的，就是美人一定要嫁给愚痴的汉子。

第一百六十六则

天下无书则已，有则必当读；无酒则已，有则必当饮；无名山则已，有则必当游；无花月则已，有则必当赏玩；无才子佳人则已，有则必当爱慕怜惜。

弟木山曰：谈何容易，即吾家黄山，几能得一到耶？

【译文】

天下没有书就罢了，有则一定要读；没有酒就罢了，有就一定要品尝；没有名山就罢了，有就一定要游览；没有鲜花明月就罢了，有就一定要鉴赏品评；没有才子佳人就罢了，有就一定要爱慕怜惜。

弟木山说：哪有那么简单呢，即使我们家乡的黄山，什么时候能去一趟呢？

第一百六十七则

秋虫春鸟，尚能调声弄舌，时吐好音；我辈搦管拈毫[①]，岂可甘作鸦鸣牛喘？

吴薗次曰：牛若不喘，宰相安肯问之[②]？

张竹坡曰：宰相不问科律而问牛喘[③]，真是文章司命。

倪永清曰：世皆以鸦鸣牛喘为凤歌鸾唱，奈何！

【注释】

①搦（nuò）管拈毫：本指握笔，在此借喻执笔为文。②牛若不喘，宰相安肯问之：西汉宰相丙吉一次外出时，看路人斗殴，他没有理会，而见到有人赶牛，牛喘息吐舌时，方停车询问。随从很诧异，丙吉说："民斗相杀伤，自有长安令、京兆尹等人整治，而牛喘吐舌，恐时气失节，有所伤害。三公管调和阴阳，职之所在，所以问。"③科律：法令，法律。

【译文】

秋天的虫子和春天的鸟，尚且能够调弄自己的舌头唱歌；我们这些人执笔为文，怎么能甘心像乌鸦叫和牛喘息那样，写出拙劣不堪的文章呢？

吴薗次说：牛如果不喘息，宰相怎么肯问发生了什么呢？

张竹坡说：宰相不问法令的事而问牛喘息的事，真是掌管文章的司命啊！

倪永清说：世间的人都把鸦鸣牛喘声当作凤歌鸾唱声，能怎么办呢！

第一百六十八则

媸颜陋质[①]，不与镜为仇者，亦以镜为无知之死物耳。使镜而有知，必遭扑破矣。

江含徵曰：镜而有知，遇若辈早已回避矣。

张竹坡曰：镜而有知，必当化媸为妍[②]。

【注释】

①媸（chī）颜陋质：容貌丑陋，气质粗俗。

【译文】

容貌丑陋气质粗俗的人，即使不把镜子当仇人，也认为镜子是没有感知的死物。假使镜子有感知，必定会遭到摔打。

江含徵说：镜子如果有感知，遇到这样的人也早就回避了。

张竹坡说：镜子有感知的话，也肯定要把丑陋变为美丽。

第一百六十九则

吾家公艺[①]，恃百忍以同居，千古传为美谈。殊不知忍而至于百，则其家庭乖戾睽隔之处[②]，正未易更仆数也[③]。

江含徵曰：然除了一忍，更无别法。

顾天石曰：心斋此论，先得我心。忍以治家，可耳，奈何进之高宗，使忍以养成武氏之祸哉？

倪永清曰：若用忍字，则百犹嫌少，否则以剑字处之足矣。或曰“出家”二字足以处之。

王安节曰：惟其乖戾睽隔，是以要忍。

【注释】

①公艺：指唐代的张公艺，九代同居，唐高宗封泰山回朝时，曾到他家中询问如何做到九世同居，张公艺写了一百多个“忍”字，呈给唐高宗。②乖戾：不顺，不和谐。睽（kuí）隔：有隔阂，意见不合。③仆数：计算。

【译文】

我们张家先祖张公艺，依靠百般忍耐维持着九代人一起生活，千百年来被传为美谈。殊不知忍耐到了写一百多个“忍”字的程度，他家庭的不和谐之处，根本多得无法计算。

江含徵说：然而除了忍耐，也没有别的办法。

顾天石说：心斋这个言论，先得我心。忍用来治家，可以，但是奈何他把这个忍字进谏给了唐高宗，使忍耐养成了武则天夺权的灾祸？

倪永清说：如果用忍字，那么百忍还是嫌少。否则用武力就可以解决了。或说“出家”二字也足够解决了。

王安节说：只因他家有这些不和谐，所以要忍。

第一百七十则

九世同居，诚为盛事，然止当与割股、庐墓者作一例看。可以为难矣，不可以为法也，以其非中庸之道也。

洪去芜曰：古人原有父子异宫之说。

沈契掌曰：必居天下之广居而后可。

【译文】

九世同堂，的确是一件难能可贵的事情。然而这也只能和那些割股疗亲、庐墓守丧的例子一样看待。可以认为很难，但是不可以作为法则，因为这不是儒家的中庸之道。

洪去芜说：古人曾经有父子不住在同一个宫室的说法。

沈契掌说：必须居住在天下最宽广的住宅里才可以。

第一百七十一则

作文之法：意之曲折者，宜写之以显浅之词；理之显浅者，宜运之以曲折之笔；题之熟者，参之以新奇之想；题之庸者，深之以关系之论。至于窘者舒之使长①，缛者删之使简，俚者文之使雅②，闹者摄之使静③，皆所谓裁制也④。

陈康畴曰：深得作文三昧语。

张竹坡曰：所谓节制之师。

王丹麓曰：文家秘旨，和盘托出，有功作者不浅。

【注释】

①窘：窘迫短小。②俚：通俗的，粗俗的。③摄：印制。④裁制：约束，束缚。

【译文】

写文章的法则：意思复杂难懂的，应该用浅显易懂的词语来写；道理浅显易懂的，应该用生动曲折的笔法来写；熟悉的题目，要加入新奇的想法；平庸的题目，要深入挖掘其中的含义、关系来讨论。至于粗劣短小的文章要进行修饰增加它的长度，繁杂冗长的文章要进行删减使其精炼，通俗的文章要加以文饰让它变得雅致，嘈杂喧嚣的文章要修改使其平静保持初心，这都是所说的做文章的约束体制。

陈康畤说：这是深深领悟到做文章的真谛的言论。

张竹坡说：这就是类似人们所说的纪律严明的军队。

王丹麓说：写文章的技巧被毫无保留地说出来，对写作者的帮助很大。

第一百七十二则

笋为蔬中尤物，荔枝为果中尤物，蟹为水族中尤物，酒为饮食中尤物，月为天文中尤物，西湖为山水中尤物，词曲为文字中尤物。

张南村曰：《幽梦影》可为书中尤物。

陈鹤山曰：此一则又为《幽梦影》中尤物。

【译文】

竹笋是蔬菜中珍奇的一种，荔枝是水果中珍奇的一种，螃蟹是水产品中珍奇的一种，酒是饮品食物当中的极品，月亮是天体中珍奇的星体，西湖是山水中珍奇的景色，词曲是文学创作中高雅的创作。

张南村说：《幽梦影》可以说是书中奇珍。

陈鹤山说：这一则又可以说是《幽梦影》中的奇珍。

第一百七十三则

买得一本好花[①]，犹且爱护而怜惜之，矧其为解语花乎[②]？

周星远曰：性至之语，自是君身有仙骨，世人那得知其故耶！

石天外曰：此一副心，令我念佛数声。

李若金曰：花能解语，而落于粗恶武夫，或遭狮吼戕贼[③]，虽欲爱护，何可得！

王司直曰：此言是恻隐之心，即是是非之心。

【注释】

①本：草的茎，树的干，这里指棵。②矧（shěn）：况且，亦。③戕（qiāng）贼：伤害，摧残。

【译文】

买到一棵好看的花，尚且爱护怜惜它，何况那些善解人意的美人呢？

周星远说：能说出这样感性的话，当然是因为您身有仙骨，世人怎么知道其中的缘故！

石天外说：这么一副慈悲的心，让我在心里念了好多声佛号。

李若金说：善解人意的美女，落在粗俗恶劣的粗人手里或者遭遇彪悍女人的残害，即使想要爱护，又怎么能做到呢！

王司直说：这番话是动了怜悯的心思，也是存了是非之心。

第一百七十四则

观手中便面[①]，足以知其人之雅俗，足以识其人之交游[②]。

李圣许曰：今人以笔资丐名人书画，名人何尝与之交游？吾知其手中便面虽雅，而其人则俗甚也。心斋此条，犹非定论。

毕嶙谷曰：人苟肯以笔资丐名人书画，则其人犹有雅道存焉。世固有并不爱此道者。

钱目天曰：二语皆然。

【注释】

①便面：古代用以遮面的扇状物。②交游：朋友。

【译文】

看一个人手中的扇子，完全可以知道这个人是风雅还是粗俗，也完全可以看出这个人的朋友是什么样的人。

李圣许说：当今的人用润笔费来买名人的书画，名人何时曾与他交朋友？我知道他手中的面扇虽然雅致，而他本人却很粗俗，心斋的这个言论，也不是确定之论。

毕嶙谷说：人如果肯用润笔费买名人的书画，那么这个人还是有些风雅存在的。世上确实有不喜爱此道的人。

钱目天说：这两句话说得都对。

第一百七十五则

水为至污之所会归，火为至污之所不到。若变不洁为至洁，则水火皆然。

江含徵曰：世间之物，宜投诸水火者不少，盖喜其变也。

【译文】

水是最肮脏的东西汇集的地方，火是最脏的东西到不了的地方。如果要把不干净的东西变为最干净的东西，那么水和火都可以做到。

江含徵说：世间万物，适合投到水里火里的不少，大概是喜欢看它们变化吧。

第一百七十六则

貌有丑而可观者，有虽不丑而不足观者；文有不通而可爱者，有虽通而极可厌者。此未易与浅人道也。

陈康畴曰：相马于牝牡骊黄之外者，得之矣。

李若金曰：究竟可观者必有奇怪处，可爱者必无大不通。

梅雪坪曰：虽通而可厌，便可谓之不通。

【译文】

有相貌丑陋但是还可以欣赏的，有虽然相貌不丑但是却不值得欣赏的；文章有不通顺但是文字令人喜爱的，还有虽然通顺但是却让人非常厌恶的。这种感觉很难跟肤浅的人说。

陈康畴说：相马不拘泥于雌雄、颜色，能够看到马的真正品质，这是真的会相马。

李若金说：应该是值得欣赏的人有奇怪的地方；让人喜爱的文字没有特别不通顺的地方。

梅雪坪说：虽然通顺但是让人感到厌恶，便可以说是不通顺。

第一百七十七则

游玩山水亦复有缘，苟机缘未至，则虽近在数十里之内，亦无暇到也。

张南村曰：予晤心斋时，询其曾游黄山否，心斋对以未游，当是机缘未至耳。

陆云士曰：余慕心斋者十年，今戊寅之冬始得一面[1]，身到黄山恨其晚，而正未晚也。

【注释】

①戊寅：康熙三十七年（1698）。

【译文】

游山玩水也讲究机缘，如果机缘没有到，那么即使山水就在十里之内，也没有时间去游览。

张南村说：我和心斋见面时，询问他是否游览过黄山，心斋回答说没有，应该是机缘没有到吧。

陆云士说：我倾慕心斋十年，如今戊寅年的冬天终于见了一面，当时我遗憾到黄山晚了，但其实并不晚。

第一百七十八则

“贫而无谄，富而无骄”，古人之所贤也。贫而无骄，富而无谄，今人之所少也。足以知世风之降矣。

许来庵曰：战国时已有贫贱骄人之说矣。

张竹坡曰：有一人一时，而对此谄对彼骄者，更难。

【译文】

“贫贱而不奉承巴结，富贵却不骄奢”，这是古人所说的贤德。贫贱而不骄横，富贵而不奉承巴结，这是当今的人所缺少的品行。足可以看出世风日下了。

许来庵说：战国的时候就有贫贱而骄纵的人的说法。

张竹坡说：同一个人同一时间，对这个人奉承却对另一个人骄横的，更难。

第一百七十九则

昔人欲以十年读书、十年游山、十年检藏。予谓检藏尽可不必十年，只二三载足矣。若读书与游山，虽或相倍蓰[1]，恐亦不足以偿所愿也。必也如黄九烟前辈之所云，“人生必三百岁而后可”乎？

江含徵曰：昔贤原谓尽则安能，但身到处莫放过耳。

孙松坪曰：吾乡李长蘅先生，爱湖上诸山，有“每个峰头住一年”之句，然则黄九烟先生所云犹恨其少。

张竹坡曰：今日想来，彭祖反不如马迁。

【注释】

①倍蓰（xǐ）：指数倍。倍，一倍。蓰，五倍。

【译文】

古人想要用十年的时间读书、十年的时间游览山水、十年的时间收拾收藏的书籍。我觉得整理收集书籍不需要用十年，只要两三年就足够了。而读书和游览山水，虽然用了比整理书籍多数倍的时间，恐怕也不能如我所愿。必须得像黄九烟先生所说的那样，“人生须活三百岁然后才可以”吧？

江含徵说：昔日的贤者原本认为怎么能够游尽所有的山水呢，只要所到之处不要放过就好了。

孙松坪说：我的老乡李长蘅先生喜欢湖上的那些山，有“每个峰头住一年”的诗句，黄九烟先生所说的这诗句意思还是遗憾游览得太少。

张竹坡说：现在想想，长寿彭祖反倒不如游历广的司马迁了。

第一百八十则

宁为小人之所骂，毋为君子之所鄙；宁为盲主司之所摈弃[1]，毋为诸名宿之所不知[2]。

陈康畴曰：世之人自今以后，慎毋骂心斋也。

江含徵曰：不独骂也，即打亦无妨，但恐鸡肋不足以安尊拳耳。

张竹坡曰：后二句足少平吾恨。

李若金曰：不为小人所骂，便是乡愿[3]；若为君子所鄙，断非佳士。

【注释】

①盲：对事物不能辨认。主司：主管。摈弃：指抛弃。②名宿：出名的老前辈。③乡愿：伪君子。

【译文】

宁可被小人骂，也不能被君子鄙视；宁可被有眼无珠的主考官抛弃，也不要让那些出名的前辈不知晓。

陈康畴说：世上的人从今以后，一定不要骂心斋。

江含徵说：不单单是骂，即使打也没关系，但是恐怕我这瘦弱的身体没有地方放他的拳头！

张竹坡说：后面两句足以稍微平息我的遗憾。

李若金曰：不被小人骂，便是伪君子；如果被君子鄙视，那肯定不是品行好的人。

第一百八十一则

傲骨不可无，傲心不可有。无傲骨则近于鄙夫[1]，有傲心不得为君子。

吴街南曰：立君子之侧，骨亦不可傲；当鄙夫之前，心亦不可不傲。

石天外曰：道学之言，才人之笔。

庞笔奴曰：现身说法，真实妙谛。

【注释】

①鄙夫：人品鄙陋、见识浅薄的人。

【译文】

高傲的骨气不能没有，傲慢的心思不可以有。没有傲骨就像是见识浅薄粗俗的人，有傲慢的心思不能成为君子。

吴街南说：站在君子旁边，也不能够高傲；在粗俗浅薄的人面前，心也不能不骄傲。

石天外说：这是道学的言论，用才子的笔写出来了。

庞笔奴说：如同用自身说法，既真实又精妙。

第一百八十二则

蝉为虫中之夷齐[1]，蜂为虫中之管晏[2]。

崔青峙曰：心斋可谓虫中之董狐[3]。

吴镜秋曰：蚊是虫中酷吏，蝇是虫中游客。

【注释】

①夷齐：伯夷和叔齐的并称。②管晏：管仲和晏婴的并称。③董狐：春秋晋国太史，亦称史狐。孔子称其为古之良史。

【译文】

蝉是昆虫中的伯夷、叔齐，蜜蜂是昆虫中的管仲、晏婴。

崔青峙说：心斋可以说是虫中的董狐。

吴镜秋说：蚊子是虫中的酷吏，苍蝇是虫中投靠权贵的游客。

第一百八十三则

曰痴、曰愚、曰拙、曰狂，皆非好字面，而人每乐居之；曰奸、曰黠、曰强、曰佞[1]，反是，而人每不乐居之，何也？

江含徵曰：有其名者无其实，有其实者避其名。

【注释】

①黠（xiá）：聪明而狡猾。佞（nìng）：有才智，旧时谦称。又作巧言谄媚解。

【译文】

说痴、说愚、说拙、说狂，这些都不是好的词，而人们却往往乐意形容自己；说奸、说黠、说强、说佞，这些字和前面的字相反，但是人们不喜欢用来形容自己，为什么呢？

江含徵说：有这种名声的人没有实际能力，有实际能力的人避讳这种名声。

第一百八十四则

唐虞之际[1]，音乐可感鸟兽。此盖唐虞之鸟兽，故可感耳；

若后世之鸟兽，恐未必然。

洪去芜曰：然则鸟兽亦随世道为升降耶？

陈康畴曰：后世之鸟兽，应是后世之人所化身，即不无升降，正未可知。

石天外曰：鸟兽自是可感，但无唐虞音乐耳。

毕右万曰：后世之鸟兽，与唐虞无异，但后世之人迥不同耳！

【注释】

①唐虞（yú）：唐尧与虞舜的并称，亦指尧与舜的时代，古人以为太平盛世。

【译文】

尧与舜的时代，音乐可以感动鸟兽。这大概是因为它们是尧舜时代的鸟兽，因此可以被感动吧；如果是后世的鸟兽，恐怕未必会这样。

洪去芜说：然而鸟兽的品行也会随着世道的变化而上升和下降吗？

陈康畴说：后世的鸟兽，应该是后世之人的化身，即使没有升降，也不一定会被感动。

石天外说：鸟兽自然可以被感动，只是没有了尧舜时代的音乐罢了。

毕右万说：后世的鸟兽，与尧舜时代的鸟兽没有什么不同，但是后世的人与尧舜时的人却大不相同了！

第一百八十五则

痛可忍而痒不可忍，苦可耐而酸不可耐。

陈康畴曰：余见酸子偏不耐苦。

张竹坡曰：是痛痒关心语。

余香祖曰：痒不可忍，须倩麻姑搔背[①]。

释牧堂曰：若知痛痒，辨苦酸，便是居士悟处。

【注释】

①麻姑：又称寿仙娘娘、虚寂冲应真人，汉族民间信仰的女神，属于道教人物。

【译文】

疼痛可以忍受而瘙痒却忍受不了；苦可以忍耐而酸却忍耐不了。

陈康畴说：我看见那些酸腐的读书人偏偏受不了苦。

张竹坡曰：是痛痒关心的话。

余香祖曰：痒不可忍受，需要请麻姑挠背。

释牧堂曰：如果知道痛痒，能分辨苦酸，便是居士参悟了。

第一百八十六则

镜中之影，着色人物也①；月下之影，写意人物也②。镜中之影，钩边画也；月下之影，没骨画也③。月中山河之影，天文中地理也；水中星月之象，地理中天文也。

恽叔子曰：绘空镂影之笔④。

石天外曰：此种着色写意，能令古今善画人一齐搁笔。

沈契掌曰：好影子俱被心斋先生画着。

【注释】

①着色：涂颜色。②写意：国画的一种画法，用笔不苛求工细，注重神态的表现和抒发作者的情趣，是一种形简而意丰的表现手法。③没骨画：没骨画不同于工笔和写意，没骨的“没”字，即淹没而含蓄之意，其精要在于将运笔和设色有机地融合在一起，不用勾轮廓，不用打底稿，更不能放底样拓描。作画时，要求画者胸有成竹，一气呵成。在书法里把笔锋所过之处称为“骨”，其余部分称为“肉”。没骨画将墨、色、水、笔融于一体，在纸上予以巧妙结合，重在蕴意，依势行笔。④绘空镂影：描绘空虚雕刻影子。

【译文】

镜子中的影子，是涂上颜色的人物；月下的影子，是写意人物。镜子中的影子，是钩边画；月下的影子，是没骨画。月色中山河的影子，是天文中的地理；水中星星月亮的影子，是地理中的天文。

恽叔子说：真是绘空镂影的文笔。

石天外说：这种涂上颜色的绘画、写意画，能够使古今擅长画画的人一起放下笔。

沈契掌说：好影子都被心斋先生画了。

第一百八十七则

能读无字之书，方可得惊人妙句；能会难通之解，方可参最上禅机。

黄交三曰：山老之学，从悟而入，故常有彻天彻地之言。

【译文】

能读懂没有文字的书籍，才能写出让人惊叹的佳句；能懂得难以理解的难题，才能够参透佛家禅宗最高的机要秘诀。

黄交三说：山老的学问，从领悟开始，因此经常有彻天彻地的言论。

第一百八十八则

若无诗酒，则山水为具文[1]；若无佳丽，则花月皆虚设。

【注释】

①具文：空文，徒具形式而不起实际作用的规章制度。

【译文】

如果没有诗歌美酒，那么山水就只是空文；如果没有美人，那么鲜花明月都是形同虚设。

第一百八十九则

才子而美姿容，佳人而工著作，断不能永年者[1]，匪独为造物之所忌。盖此种原不独为一时之宝，乃古今万世之宝，故不欲久留人世以取亵耳[2]。

郑破水曰：千古伤心，同声一哭。

王司直曰：千古伤心者，读此可以不哭矣。

【注释】

①永年：长寿。②亵（xiè）：轻慢，亲近而不庄重。

【译文】

是才子而且长相俊美，是美人并且善于写作，这样的人肯定不能长寿，不仅仅是因为造物主嫉妒。因为这样的人不仅是一时的宝贝，而是古今万世的宝贝，因此不能长久留在人世，以免招来亵渎。

郑破水说：这是千百年来的伤心事，让人一同为之痛哭。

王司直说：千百年来的伤心者，读到此处可以不用哭了。

第一百九十则

陈平封曲逆侯，《史》《汉》注皆云“音去遇”。予谓此是北人土音耳。若南人四音俱全，似仍当读作本音为是。北人于唱曲之“曲”，亦读如“去”字。

孙松坪曰：曲逆，今完县也。众水潆洄[①]，势曲而流逆。予尝为土人订之。心斋重发吾覆矣[②]。

【注释】

①潆洄（yíng huí）：水流回旋。②发吾覆：揭除蔽障。

【译文】

陈平被封为曲逆侯，《史记》《汉书》的注释都说“音去遇”。我认为这是北方人的本土音。如果是南方人四音都全，似乎仍然应该读作本音才是。北方人把唱曲的“曲”字，也读成“去”字。

孙松坪曰：曲逆，是现在的完县。众多的河流都到这里汇集，水流回旋，顺着曲折的地势逆流。我曾经为当地人考据订正过，心斋重新发文揭除蔽障。

第一百九十一则

古人四声俱备，如“六”“国”二字皆入声也。今梨园演苏秦剧，必读“六”为“溜”，读“国”为“鬼”，从无读入声者。然考之《诗经》，如“良马六之”“无衣六兮”之类，皆不与去声叶[①]，而叶祝、告、燠；“国”字皆不与上声叶，而叶入陌、质韵。则是古人似亦有入声，未必尽读“六”为“溜”，读“国”为“鬼”也。

弟木山曰：梨园演苏秦，原不尽读“六国”为“溜鬼”。大抵以曲调为别。若曲是南调，则仍读入声也。

【注释】

①叶（xié）：押韵。

【译文】

古人四种声调都具备，如“六”“国”这两个字都是入声。当今梨园演苏秦剧时，一定会把“六”读作“溜”，把“国”读作“鬼”，从来没有读入声的。但是从《诗经》考证，像“良马六之”“无衣六兮”这一类的，都是不与去声合韵，而和“祝”“告”“燠”押韵；“国”字都不和上声押韵，却和“陌”“质”押韵。由此可见，古人似乎也有入声，不一定都读“六”为“溜”，读“国”为“鬼”。

弟木山说：梨园演苏秦剧的时候，也不都是读“六国”为“溜鬼”。大概也是以曲调分类。如果是南调，则仍然读入声。

第一百九十二则

闲人之砚，固欲其佳，而忙人之砚，尤不可不佳；娱情之妾，固欲其美，而广嗣之妾[①]，亦不可不美。

江含徵曰：砚美下墨，可也；妾美招妒，奈何？

张竹坡曰：妒在妾，不在美。

【注释】

①广嗣（sì）：谓多生子嗣。

【译文】

闲人的砚台，当然要精致优良，而忙人的砚台，尤其不能不精致优良；娱乐心情的妾室当然要美貌，而多生子嗣的妾室，也不能不美貌。

江含徵说：砚台精致用来装墨，可以；妾室美丽招人嫉妒，怎么办？

张竹坡说：被嫉妒是因为妾的身份，而不是因为美。

第一百九十三则

如何是独乐乐？曰鼓琴。如何是与人乐乐？曰弈棋。如何是与众乐乐？曰马吊[①]。

蔡铉升曰：独乐乐，与人乐乐，孰乐？曰："不若与人。"与少乐乐，与众乐乐，孰乐？曰："不若与少。"

王丹麓曰：我与蔡君异，独畏人为鬼阵[②]，见则必乱其局而后已。

【注释】

①马吊：始于明代天启年间，本来作为赌博游戏的筹码，经过演变，成为一种新的戏娱用具，即马吊牌。②鬼阵：古代围棋的别称。

【译文】

什么样是独自快乐呢？弹琴。什么是与别人一同快乐呢？下棋。什么是与大家一起快乐呢？玩马吊牌。

蔡铉升说：自己独自取乐，与别人一起快乐，哪个更快乐？回答说："与大家一起更快乐。"和少数人一起快乐，跟很多人一起快乐，哪个更快乐？回答说："和少数人一起更好。"

王丹麓说：我与蔡君不同，唯独害怕与人下围棋，见到后必定弄乱了棋局才住手。

第一百九十四则

不待教而为善为恶者，胎生也[①]；必待教而后为善为恶者，卵生也[②]；偶因一事之感触而突然为善为恶者，湿生也[③]如周处、戴渊之改过，李怀光反叛之类；前后判若两截，究非一日之故者，化生也[④]如唐玄宗、卫武公之类。

【注释】

①胎生：佛教四生之一，即由母胎孕育而生。②卵生：动物由母体的卵孵化出来。③湿生：动物从湿而生，如虱、蚤之类。④化生：指借由业力而生，如诸天神、饿鬼等。

【译文】

不等教就知道做好事或做坏事的，这是胎生；必须要等着被教导以后才知道做善事或做恶事的，这是卵生；偶然间因为一件事情的感触而突然开始做善事或者恶事，这是湿生像周处、戴渊改过自新，李怀光造反叛乱之类的；前后判若两人，终究不是一天变化而成，这是化生像唐玄宗、卫武公等人。

第一百九十五则

凡物皆以形用，其以神用者，则镜也，符印也，日晷也[①]，指南针也。

袁中江曰：凡人皆以形用，其以神用者，圣贤也、仙也、佛也。

黄虞外士曰：凡物之用皆形，而其所以然者，神也。镜凸凹而易其肥瘦，符印以专一而主其神机[②]，日晷以恰当而定准则，指南以灵动而活其针缝。是皆神而明之，存乎人矣。

【注释】

①日晷（guǐ）：古代利用日影测定时刻的一种计时仪器，又称“日规”。②神机：神异的禀赋。

【译文】

一般的器物都是以外形来决定作用，因为内在性质而被使用的，那就是镜子、符节印信、日晷、指南针。

袁中江说：普通的人都是因为外形而使用，用内在的，是圣贤、神仙、佛祖。

黄虞外士说：平凡的器物都是用其外形，之所以这样，是因为其内在。镜子的凸凹能够改变照镜子的人的胖瘦，符印因为它的独一无二决定它的神奇禀赋，日晷因为它的准确恰当而测定时间，指南针因为它的灵动而没有将指针固定。这些事物的本质要真正知晓，要靠个人的领悟能力了。

第一百九十六则

才子遇才子，每有怜才之心；美人遇美人，必无惜美之意。我愿来世托生为绝代佳人，一反其局而后快。

陈鹤山曰：谚云：“鲍老当筵笑郭郎[①]，笑他舞袖太郎当[②]。若教鲍老当筵舞，转更郎当舞袖长。”则为之奈何？

郑藩修曰：俟心斋来世为佳人时再议。

余湘客曰：古亦有“我见犹怜”者。

倪永清曰：再来时不可忘却。

【注释】

①鲍老：古代戏剧角色名。筵：酒席。郭郎：戏剧行当中的丑角。②郎当：不合身，不整齐，吊儿郎当。

【译文】

才子遇到才子，每每会有惺惺相惜的心思；美人遇到美人，一定没有相互爱惜的意愿。我愿意来世生为一个绝代佳人，来推翻这种美人不相互怜惜的局面，然后才感到舒心快乐。

陈鹤山说：有谚语说：“鲍老在筵席上笑话郭郎，笑话他的舞袖太不合体。如果让鲍老在筵席上跳舞，反过来他的舞袖比郭郎的更长。”那么又怎么办？

郑藩修说：等到心斋来世成为佳人的时候再说吧。

余湘客说：古代也有“我见犹怜”的故事。

倪永清说：心斋再转世时不要忘记了自己的愿望。

第一百九十七则

予尝欲建一无遮大会[①]，一祭历代才子，一祭历代佳人。俟遇有真正高僧，即当为之。

顾天石曰：君若果有此盛举，请迟至二三十年之后，则我亦可以拜领盛情也。

释中洲曰：我是真正高僧，请即为之，何如？不然，则此二种沉魂滞魄，何日而得解脱耶？

江含徵曰：折柬虽具，而未有定期，则才子佳人亦复怨声载道。又曰：我恐非才子而冒为才子，非佳人而冒为佳人，虽有十万八千母陀罗臂[②]，亦不能具香厨法膳也。心斋以为然否？

释远峰曰：中洲和尚，不得夺我施主。

【注释】

①无遮大会：指佛教每五年举行一次的布施的大斋会，又称无碍大会、五年大会。②母陀罗：意为印契，指以手结成的各种印形。

【译文】

我曾经想要举办一次大斋会，一是用来祭奠历代的才子，二是祭奠历代的佳人。等遇到真正的高僧，就开始做。

顾天石说：您如果真要办这样的盛大活动，请推迟到二三十年之后，那么我也可以拜领盛情了。

释中洲说：我是真正的高僧，请立刻举行吧，怎么样？不然，这两种沉魂滞魄，什么时候才能解脱呢？

江含徵说：折柬虽然都具备了，却没有定日期，因此才子佳人也会怨声载道。又说：我恐怕不是才子的冒充才子，不是佳人的冒充佳人，即使有十万八千母陀罗臂，也不能准备足够的香厨法膳。心斋以为对吗？

释远峰说：中洲和尚，不要夺我的施主。

第一百九十八则

圣贤者，天地之替身[①]。

石天外曰：此语大有功名教[②]，敢不伏地拜倒。

张竹坡曰：圣贤者，乾坤之帮手。

【注释】

①替身：化身，代替者。②名教：指以正名定分为主的封建礼教。

【译文】

圣贤的人，是天地的化身。

石天外说：这句话对名教来说很有用处，不敢不伏地跪拜了。

张竹坡说：圣贤之人，是天地的帮手。

第一百九十九则

天极不难做，只须生仁人君子有才德者二三十人足矣。君一、相一、冢宰一[①]，及诸路总制[②]、抚军是也[③]。

黄九烟曰：吴歌有云："做天切莫做四月天。"可见天亦有难做之时。

江含徵曰：天若好做，又不须女娲氏补之。

尤谨庸曰：天不做天，只是做梦，奈何，奈何！

倪永清曰：天若都生善人，君相皆当袖手，便可无为而治。

陆云士曰：极诞极奇之话，极真极确之话。

【注释】

①冢（zhǒng）宰：周官名，为六卿之首，亦称太宰。后世亦指吏部尚书。②总制：官名，即总督。③抚军：明清巡抚的别称。

【译文】

上天一点都不难做，只需要生二三十个德才兼备的仁者、君子和有才华、有德行的人就足够了。一个做君王、一个做宰相、一个做吏部尚书，其余的做各省总制和抚军。

黄九烟说：吴歌有云："做天切莫做四月天。"可见天也有难做的时候。

江含徵说：上天如果好做，就不需要女娲氏补天了。

尤谨庸说：上天不做天应该做的事，而只做梦，怎么办，怎么办！

倪永清说：上天如果都生善人，君王和宰相都可以袖手旁观了，天下就可以无为而治了。

陆云士说：非常荒诞稀奇的话，又是非常真实正确的话。

第二百则

掷升官图[①]，所重在德，所忌在赃；何一登仕版[②]，辄与之相反耶？

江含徵曰：所重在德，不过是要赢几文钱耳。

沈契掌曰：仕版原与纸版不同。

【注释】

①升官图：旧时博戏工具的一种。纸上画京外文武大小官位，以骰子掷之。以第一掷为进身之始，其后计点数彩色，以定升降。②仕版：旧指记载官吏名籍的簿册，亦借指仕途、官场。

【译文】

玩升官图游戏，所看重的是道德品质，所忌讳的是贪赃枉法；为什么一走上仕途，就与游戏里相反了呢?

江含徵说：所看重的是道德品质，不过是为了多赢一些钱财罢了。

沈契掌说：仕途原本就与纸制的游戏是不一样的。

第二百零一则

动物中有三教焉：蛟、龙、麟、凤之属，近于儒者也；猿、狐、鹤、鹿之属，近于仙者也；狮子、牯牛之类[①]，近于释者也。植物中有三教焉：竹、梧、兰、蕙之属，近于儒者也；蟠桃、老桂之属，近于仙者也；莲花、薝卜之属[②]，近于释者也。

顾天石曰：请高唱《西厢》一句，“一个通彻三教九流”。

石天外曰：众人碌碌，动物中蜉蝣而已[③]；世人峥嵘[④]，植物中荆棘而已。

【注释】

①牯（gǔ）牛：阉割过的公牛。②薝卜（zhān bo）：郁金花，也有人说是栀子花。③蜉蝣：最原始的有翅昆虫，具有古老而特殊的形状。④峥嵘（zhēng róng）：卓越，不平凡。

【译文】

动物中也有三教：蛟、龙、麒麟、凤凰这一类和儒家相近；猿猴、狐狸、鹤、鹿这一类和道家相近；狮子、牯牛这一类和佛家相近。植物中也有三教：竹子、梧桐、兰花、蕙草这一类和儒家相近；蟠桃、老桂这一类和道家相近；莲花、薝卜这一类和佛家相近。

顾天石说：请大声唱《西厢》中的一句，“一个通彻三教九流”。

石天外说：世上众人忙忙碌碌的，就像动物中的蜉蝣罢了；世人中的不凡者，就如植物中的荆棘罢了。

第二百零二则

佛氏云："日月在须弥山腰。"①果尔②，则日月必是绕山横行而后可；苟有升有降，必为山巅所碍矣。又云："地上有阿耨达池③，其水四出，流入诸印度。"又云："地轮之下为水轮，水轮之下为风轮，风轮之下为空轮。"余谓此皆喻言人身也：须弥山喻人首，日月喻两目，池水四出喻血脉流通，地轮喻此身，水为便溺，风为泄气，此下则无物也。

释远峰曰：却被此公道破。

毕右万曰：乾坤交后，有三股大气，一呼吸、二盘旋、三升降。呼吸之气，在八卦为震巽④，在天地为风雷、为海潮，在人身为鼻息。盘旋之气，在八卦为坎离⑤，在天地为日月，在人身为两目，为指尖、发顶罗纹⑥，在草木为树节、蕉心。升降之气，在八卦为艮兑⑦，在天地为山泽，在人身为髓液便溺，为头颅肚腹，在草木为花叶之萌凋⑧，为树梢之向天、树根之入地。知此，而寓言之出于二氏者，皆可类推而悟。

【注释】

①须弥山：又译为修迷山、苏迷卢山、须弥楼山，意思是宝山、妙高山，又名妙光山。②果尔：果真如此。③阿耨（nòu）达池：阿耨达，梵名Anavatapta，巴利名Anotatta。相传为阎浮提四大河之发源地。④震巽（xùn）：指八卦中的震卦、巽卦。⑤坎：八卦之一，代表水。离：八卦之一，代表火。⑥罗纹：头纹。⑦艮（gèn）：八卦之一，代表山。兑：八卦之一，代表沼泽。⑧萌凋：萌芽，凋谢。

【译文】

佛教中说："太阳和月亮在须弥山的山腰。"果真如此，那么日月必定是绕着山横向走才行；如果有升有降，一定会被山巅阻碍。又说："地上有阿耨达池，它的水流向四面八方，流进印度各地。"又说："地轮的下面是水轮，水轮的下面是风轮，风轮的下面是空轮。"我认为这些都是用来比喻人的身体的：须弥山比喻人的头，日月比喻人的两只眼睛，池水向四面八方流动比喻人的血脉流通，地轮比喻人的身体，水比喻人的排泄物，风轮比喻人放屁。这以下则没有什么了。

释远峰说：却被这位先生说破了。

毕右万说：天地相交之后，有三股大气，一个是呼吸之气，二是盘旋之气，三是升降之气。呼吸的气，对应八卦是震巽，对应天地是风雷、是海潮，对应人是鼻息。盘旋之气，对应八卦是坎离，在天地是日月，在人身是两只眼睛、是指尖和发顶的纹理，在草木是树节、蕉心。升降之气，在八卦是艮兑，在天地是山泽，在人身是髓液屎尿，是头颅和肚腹，在草木是花叶的萌芽凋落，是树梢向着天生长、树根深入地下。知道这些，那么道教和佛教的寓言，都可以以此类推而领悟了。

第二百零三则

苏东坡和陶诗尚遗数十首。予尝欲集坡句以补之，苦于韵之弗备而止。如《责子》诗中“不识六与七”“但觅梨与栗”，“七”字、“栗”字，皆无其韵也。

【译文】

苏东坡和陶渊明的诗还遗留下几十首。我曾经想要搜集苏东坡的诗句来补充，但是苦于韵脚不完备而停止了。比如陶渊明《责子》诗中“不识六与七”“但觅梨与栗”，都没有和“七”“栗”这两个字押韵的。

第二百零四则

予尝偶得句，亦殊可喜，惜无佳对，遂未成诗。其一为“枯叶带虫飞”，其一为“乡月大于城”，姑存之，以俟异日。

【译文】

我曾经偶然间写出一句诗，也特别高兴欣喜，可惜没有好的句子相对，于是没有形成诗。其中一句是“枯叶带虫飞”，另一句是“乡月大于城”，暂且记下来，期待以后能对上。

第二百零五则

“空山无人，水流花开”二句，极琴心之妙境[①]；“胜固欣然，败亦可喜”二句，极手谈之妙境[②]；“帆随湘转，望衡九面”二句，极泛舟之妙境[③]；“胡然而天，胡然而帝”二句，极美人之妙境。

【注释】

①琴心：琴声表达的情意。②手谈：围棋对局的别称。③泛舟：船在水上。

【译文】

“空山无人，水流花开”这两句，是琴声表达情意的绝妙境界；“胜固欣然，败亦可喜”这两句诗写出了喜爱下棋的最高境界；“帆随湘转，望衡九面”这两句写出了水上泛舟的奇妙境界；“胡然而天，胡然而帝”这两句写出了美人的风韵妙处。

第二百零六则

镜与水之影，所受者也；日与灯之影，所施者也。月之有影，则在天者为受，而在地者为施也。

郑破水曰：受、施二字，深得阴阳之理。

庞天池曰：幽梦之影，在心斋为施，在笔奴为受。

【译文】

镜子和水中的影子，它们是承受者；太阳与灯光下的影子，是主动施与造成的。月光下的影子，那么在天上的物体来看它是承受者，在地上的人看来是它自己发出光芒而主动造成的。

郑破水说：受与施这两个字，深深道出了阴阳的道理。

庞天池说：幽梦之影，对于心斋来说是主动施舍，对于庞笔奴来说就是被动承受。

第二百零七则

水之为声有四：有瀑布声，有流泉声，有滩声，有沟浍声[①]。风之为声有三：有松涛声，有秋叶声，有波浪声。雨之为声有二：有梧叶、荷叶上声，有承檐溜竹筒中声[②]。

弟木山曰：数声之中，惟水声最为可厌，以其无已时[③]，甚聒人耳也。

【注释】

①沟浍（kuài）：泛指田间水道。浍，田间水渠。②承檐：屋檐下承接雨水的槽。③已：止，罢了。

【译文】

水产生的声音有四种：有瀑布声，有泉水流动声，有海浪拍打沙滩声，有田间水渠流水声。风产生的声音有三种：有风吹松林发出的波涛般的声音，有秋风吹过树叶簌簌落下的声音，有风吹海浪的波浪声。雨声有两种：有雨滴落在梧桐叶、荷叶上的声音，有屋檐下雨水流入竹筒的声音。

弟木山说：这些声音中，只有水声最让人讨厌，因为它没有停止的时候，很聒噪。

第二百零八则

文人每好鄙薄富人，然于诗文之佳者，又往往以金玉、珠玑、锦绣誉之，则又何也？

陈鹤山曰：犹之富贵家张山臞野老落木荒村之画耳[①]。

江含徵曰：富人嫌其慳且俗耳[②]，非嫌其珠玉文绣也。

张竹坡曰：不文，虽富可鄙；能文，虽穷可敬。

陆云士曰：竹坡之言是真公道说话。

李若金曰：富人之可鄙者在吝，或不好史书，或畏交游，或趋炎热而轻忽寒士。若非然者，则富翁大有裨益人处[③]，何可少之？

【注释】

①臞（qú）：瘦。②慳：（qiān）：小气，吝啬。③裨（bì）：增添，补助。

【译文】

文人经常喜欢鄙视富人，然而在那些好的诗文中，又往往用金玉、珠玑、锦绣来赞美，这又是为什么呢？

陈鹤山说：犹如富贵人家悬挂着山野老人画的遍地落叶的荒废村庄的画一样。

江含徵说：嫌弃富人的吝啬俗气罢了，而并非嫌弃他们的珠玉文绣。

张竹坡说：不善于写文章，即使富有也让人鄙视；善于写文章，即使贫穷也让人尊敬。

陆云士说：竹坡所说的，是真正的公道话。

李若金说：富人让人鄙视的地方在于他的吝啬，或者不喜欢读史书，或者害怕交朋友，或者趋炎附势而轻视贫寒的学子。如果不是这样，那么富翁对人们还是大有益处的，怎么能少了他们呢？

第二百零九则

能闲世人之所忙者，方能忙世人之所闲。

【译文】

能够悠闲地对待世人所忙碌的事情的人，才能够忙世人都以为不重要的事情。

第二百一十则

先读经，后读史，则论事不谬于圣贤[①]；既读史，复读经，则观书不徒为章句。

黄交三曰：宋儒语录中不可多得之句。

陆云士曰：先儒著书法累牍连章[②]，不若心斋数言道尽。

王宓草曰：妄论经史者，还宜退而读经。

【注释】

①谬（miù）：差错。②累牍（dú）：形容文字众多。

【译文】

先读经书，后读史书，那么在谈论事情的时候就不会和圣贤背道而驰；已经读了史书，又来读经书，那么读书的时候就不会仅拘泥于字句的表面意思。

黄交三说：宋代儒家的语录中都很难寻到的句子。

陆云士说：以前的儒家用了大量的文字和篇幅写读书之法，不如心斋几句话就说透彻了。

王宓草说：随便谈论经书史书的人，还是应该先读经书。

第二百一十一则

居城市中，当以画幅当山水，以盆景当苑囿[①]，以书籍当朋友。

周星远曰：究是心斋，偏重独乐乐。

王司直曰：心斋先生置身于画中矣。

【注释】

①苑囿（yòu）：指划定一定范围的（如墙垣等），具有生产、游赏等功能的皇家专属领地。

【译文】

在城市中居住，应当把画中山水当作真正的山水，把盆景当作皇家园林，把书籍当作朋友。

周星远说：终究是心斋，比较喜欢独处的乐趣。

王司直说：心斋先生置身于画之中了。

第二百一十二则

乡居须得良朋始佳，若田夫樵子，仅能辨五谷而测晴雨，久且数未免生厌矣。而友之中又当以能诗为第一，能谈次之，能画次之，能歌又次之，解觞政者又次之[①]。

江含徵曰：说鬼话者又次之。

殷日戒曰：奔走于富贵之门者，自应以善说鬼话为第一，而诸客次之。

倪永清曰：能诗者必能说鬼话。

陆云士曰：三说递进，愈转愈妙，滑稽之雄[②]。

【注释】

①觞（shāng）政：酒令。②滑稽：原意是流酒器滑稽，中国古代特别是《史记·滑稽列传》中引申为能言善辩、言辞流利之人。

【译文】

居住在乡间必须有好友相伴，如果是农夫和樵夫，只能辨认五谷杂粮预测天气晴雨，时间长而且次数多了难免会厌倦。而好友中又应该以会作诗的人排第一，擅长谈笑风生的人排第二，擅长绘画的人排第三，能唱歌的略差一些，能够行酒令的又更差一些。

江含徵说：说鬼话的又次一些。

殷日戒说：在富贵人家奔走的人，自然应该以善于说谎言排在第一位，而其他的次一些。

倪永清说：能作诗的人必定能够说虚假话。

陆云士说：这三种说话依次推进，越转越妙，最是能言善辩。

第二百一十三则

玉兰，花中之伯夷也高而且洁；葵，花中之伊尹也倾心向日；莲，花中之柳下惠也污泥不染。鹤，鸟中之伯夷也仙品；鸡，鸟中之伊尹也司晨；莺，鸟中之柳下惠也求友。

【译文】

玉兰花，是花中的伯夷清高而纯洁；葵花，是花中的伊尹全心全意向着太阳；莲花，是花中的柳下惠出淤泥而不染。鹤，是鸟中的伯夷神仙一样的级别；鸡，是鸟中的伊尹报晓司晨；莺，是鸟中的柳下惠寻求朋友。

第二百一十四则

无其罪而虚受恶名者，蠹鱼也蛀书之虫另是一种，其形如蚕蛹而差小；有其罪而恒逃清议者①，蜘蛛也。

张竹坡曰：自是老吏断狱②。

李若金曰：予尝有除蛛网说，则讨之未尝无人。

【注释】

①清议：公正的议论。②老吏断狱：老司法官判断案件。形容有丰富经验的人，判断是非又快又准。

【译文】

没有罪却白白受着恶名的，是书虫蛀书的虫子是另一种，它的形状像蚕蛹但稍微小一些；有罪却逃脱公正指责的，是蜘蛛。

张竹坡说：这是老吏断狱，又快又准。

李若金说：我曾经有除蜘蛛网的说法，可见不是没有人对它进行讨伐。

第二百一十五则

臭腐化为神奇，酱也，腐乳也，金汁也[①]。至神奇化为臭腐，则是物皆然。

袁中江曰：神奇不化臭腐者，黄金也，真诗文也。

王司直曰：曹操、王安石文字，亦是神奇出于臭腐。

【注释】

①金汁：一味中药的名称，又名金水或粪清。

【译文】

由臭腐变为神奇的东西，有大酱、腐乳、粪清。至于由神奇化为臭腐，则所有的东西都是这样。

袁中江说：神奇不变为臭腐的，是黄金，是真正好的诗词文章。

王司直说：曹操、王安石的文字，也是由臭腐化成的神奇。

第二百一十六则

黑与白交，黑能污白，白不能掩黑；香与臭混，臭能胜香，香不能敌臭。此君子小人相攻之大势也。

弟木山曰：人必喜白而恶黑，黜臭而取香[①]，此又君子必胜小人之理也。理在，又乌论乎势。

石天外曰：余尝言于黑处着一些白，人必惊心骇目，皆知黑处有白；于白处着一些黑，人亦必惊心骇目，以为白处有黑。甚矣，君子之易于形短，小人之易于见长，此不虞之誉[②]、求全之毁由来也。读此慨然。

倪永清曰：当今以臭攻臭者不少。

【注释】

①黜（chù）：废除，取消。②虞：预料。

【译文】

黑与白相交，黑色能污染白色，白色不能掩盖黑色；香和臭相混，臭能胜过香，但是香却不能掩盖臭。这就是君子和小人争斗的大形势。

弟木山说：人们肯定喜欢白而厌恶黑，摒弃臭而取香，这又是君子必定会战胜小人的道理。正义在，又何必讨论形势！

石天外说：我曾经说过，在黑的地方附着一些白，人们必定觉得惊心骇目，都知道黑的地方有白；在白的地方附着一些黑，人也必定惊心骇目，以为白的地方有黑。更有甚者，君子容易显现短处，小人容易显露长处，这就是没有预料到却获得赞美、一心想要保全名誉却招致诋毁的原因。读到这里令人感慨。

倪永清说：当今以臭味攻击臭味的也不少。

第二百一十七则

“耻”之一字，所以治君子[①]；“痛”之一字，所以治小人。

张竹坡曰：若使君子以耻治小人，则有耻且格[②]；小人以痛报君子，则尽忠报国。

【注释】

①所以：所用，用来。②有耻且格：人有知耻之心，且能自我检点而恪守正道。

【译文】

“耻”这个字，是用来约束君子的；“痛”这个字，是用来惩治小人的。

张竹坡说：如果让君子用耻惩治小人，那么小人就会有知耻之心，而且能自我检点恪守正道；如果小人用痛回报君子，那么君子就能尽忠报国。

第二百一十八则

镜不能自照，衡不能自权[1]，剑不能自击。

倪永清曰：诗不能自传，文不能自誉。

庞天池曰：美不能自见，恶不能自掩。

【注释】

①衡：秤。

【译文】

镜子不能照自己，秤不能称自己，剑不能击打自己。

倪永清说：诗歌不能自己写自己，文章不能自己赞美自己。

庞天池说：美貌不能自我显现，丑恶不能自我掩饰。

第二百一十九则

古人云："诗必穷而后工。"盖穷则语多感慨，易于见长耳。若富贵中人，既不可忧贫叹贱，所谈者不过风云月露而已，诗安得佳？苟思所变，计惟有出游一法。即以所见之山川、风土、物产、人情，或当疮痍兵燹之余[1]，或值旱涝灾祲之后[2]，无一不可寓之诗中。借他人之穷愁，以供我之咏叹，则诗亦不必待穷而后工也。

张竹坡曰：所以郑监门《流民图》独步千古。

倪永清曰：得意之游，不暇作诗；失意之游，不能作诗。苟能以无意游之，则眼光识力，定是不同。

尤悔庵曰：世之穷者多而工诗者少，诗亦不任受过也。

【注释】

①疮痍（chuāng yí）：创伤，也比喻遭受灾祸后凋敝的景象。兵燹（bīng xiǎn）：因战乱而造成的焚烧、破坏等灾害。②灾祲（jìn）：灾害灾异。

【译文】

古人说："诗人必定是穷困潦倒之后才能写出好诗。"大概是因为诗人在穷困时多感慨，更容易显现出长处吧。如果是富贵的人，就不能哀叹忧虑贫贱，所谈论的不过就是风云月露的事情，写出的诗怎么能好呢？因此要想改变这种情况，就只有出游一种方法。就是把所见到的山川、风土、物产、人情，或者遭受灾害和战火之后的凋敝凄凉的景象，或者是旱涝灾害之后的境况，都写进诗中。借他人的穷困忧愁，当作自己用来写诗咏叹的题材，那么诗人就不用一定要等到穷困潦倒之后才能写出精妙的诗文了。

张竹坡说：所以郑侠的《流民图》风格独具，无与伦比。

倪永清说：高兴地游玩，没有时间作诗；不如意地游玩，没法作诗。如果能心无旁骛地游玩，那么眼光见识肯定是不同的。

尤悔庵说：世上穷人多，但善于作诗的人少，诗也不胜受过啊。

跋一

昔人云："梅花之影，妙于梅花。"窃意影子何能妙于花[①]？惟花妙，则影亦妙。枝干扶疏[②]，自尔天然生动。凡一切文字语言，总是才子影子。人妙，则影自妙。此册一行一句，非名言即韵语，皆从胸次体验而出[③]，故能发警省。片玉碎金，俱可宝贵。幽人梦境，读者勿作影响观可矣。

南村张惣识[④]

【注释】

①窃：谦辞，指自己。②扶疏：枝叶茂盛，高低疏密有致。③胸次：胸间，亦指胸怀。④张惣（zǒng）：即张南村。

【译文】

古人说："梅花之影，妙于梅花。"我觉得影子怎么能比花还妙呢？只有花妙，那么影子也妙。枝叶茂盛，错落有致，自然才能天然生动。所有的文字语言，都是才子的影子。人妙，才能影子妙。这本书一行一句，不是名言就是韵语，都是笔者从自己切身的感悟和亲身体验中得出的，因此能够让人警醒。只言片语都很宝贵。幽人梦境，读者不要当作影子回声来看就可以了。

南村张惣识

跋二

抱异疾者多奇梦[①]，梦所未到之境，梦所未见之事。以心为君主之官，邪干之[②]，故如此；此则病也，非梦也。至若梦木撑天，梦河无水，则休咎应之[③]；梦牛尾，梦蕉鹿，则得失应之；此则梦也，非病也。

心斋之《幽梦影》，非病也，非梦也，影也。影者惟何？石火之一敲、电光之一瞥也，东坡所谓“一掉头时生老病，一弹指顷去来今”也。昔人云“芥子具须弥”，心斋则于倏忽备古今也[④]。此因其心闲手闲，故弄墨如此之闲适也。心斋岂长于勘梦者也[⑤]！然而未可向痴人说也。

寓东淘江之兰跋[⑥]

【注释】

①抱异疾：有奇怪的病症。②邪干：病邪侵扰。③休咎：吉凶，善恶。④倏忽：瞬间。⑤勘：侦察，调查。⑥江之兰：即江含徵。

【译文】

患有奇怪病症的人经常做奇怪的梦，梦见没有去过的地方，梦见没有见过的事情。因为心是人体最重要的器官，受到了病邪的侵扰，所以才这样。这就是病，而不是梦了。至于如果梦见木头撑着天，梦见河里没有水，那么与吉凶相对应；梦见牛尾，梦见芭蕉下的鹿，那么与得失相对应。这是梦，不是病。

心斋的《幽梦影》，不是病，也不是梦，是影。影子是什么呢？敲击石头时迸发火花的一瞬间、闪电亮起的一瞬，就是苏东坡所说的“一掉头时生老病，一弹指顷去来今”啊。从前有人说“芥子具须弥”，心斋则是在瞬间就写出了古今。这是因为他的心和身体都悠然自在，所以写出的文章如此悠游自在。心斋哪里是擅长勘察梦境的人啊！只是不能向痴人说罢了。

寓东淘江之兰跋

跋三

昔人著书，间附评语。若以评语参错书中，则《幽梦影》创格也。清言隽旨[①]，前於后喁[②]，令读者如入真长座中[③]，与诸客周旋，聆其謦欬[④]，不禁色舞眉飞，洵翰墨中奇观也。书名说“梦”、说“影”，盖取“六如”之义[⑤]。饶广长舌，散天女花，心灯意蕊，一印印空，可以悟矣！

乙未夏日震泽杨复吉识

【注释】

①隽（juàn）：意味深长。②於：叹息。喁：低声细语。③真长：刘惔，字真长，东晋沛国相人，清谈家。④謦欬（qǐng kài）：咳嗽。⑤六如：佛教以梦、幻、泡、影、露、电，比喻世事的空幻无常。

【译文】

以前的人著书，也会附有评语。像这样评语掺杂在书的章节之中的，《幽梦影》是首创风格。清丽高洁的言词，意味深长的旨意，前后呼应，让读者犹如真的坐在了刘惔的座次中，与座中诸人周旋应酬，聆听他们的奇思妙想、清言雅语，禁不住眉飞色舞，实在是文章中的奇观。书名说“梦”说“影”，大概是取了“六如”之义。书中言词能言善辩，妙语连珠，“心灯意蕊，一印印空”，可以悟道了！

乙未夏日震泽杨复吉识

附录：幽梦续影

前言

《幽梦续影》作者朱锡绶，清代文人，其人生卒年不详，字筱云，号弇山草衣，江苏太仓人。道光二十六年（1846）举人，曾任知县，能诗，兼工绘画。其代表作有《疏兰仙馆诗集》。

《幽梦续影》为《幽梦影》的续作，虽然篇幅短小，内容不太充实，但是书中对人生、对生活体验各方面的见解均有其独到之处，因此此书一出便受到了读者们的喜爱与追捧，盛行不衰。该书写人生之情趣，字字珠玑，意义含蓄深远，耐人寻味，风格清丽，语言明快，读之令人心旷神怡，欲罢不能。该书处处都是一些绮语小言，但都蕴含诸多道理，真可谓“语殊清隽，耐人玩味”。

“贪人之前莫炫宝，才人之前莫炫文，险人之前莫炫识。”“忧时勿纵酒，怒时勿作札。”凡人生观、修身、处世哲学等隽永小语，书中不胜枚举，由此种种，更可以看出作者思想的独到之处。整篇文章读来可以看到作者作为一个文人的敦厚，同时兼具真性情人的洒脱，我们应当效法与学习，当作良师益友。

书中作者通过对不同事物的描写，从不同方面阐述儒家学说中致用、立德、立功、立言的大道理。最可贵之处是书中各种见解如外素内艳、外贫内富、外讷内敏、内修外烁、太刚则折、太柔则懦等，对于我们今天修身养德、为人处世、教育子女等，也有一定的借鉴意义。

原序

吾师镇洋朱先生，名锡绶，字撷筠，盛君大士高足弟子也，著作甚富，屡困名场，后作令湖北，不为上官所知，郁郁以殁，祖荫髫龀之年，奉手受教，每当岸帻奋麈，陈说古今，亹亹发蒙，使人不倦。自咸丰甲寅，先生作吏南行，遂成契阔。先生诗集已刊版，毁于火，他著述亦不存，仅从亲知传写，得此一编，大率皆阅世观物、涉笔排闷之语。元题曰《幽梦续影》，略如屠赤水、陈麋公所为小品诸书，虽绮语小言，而时多名理。祖荫不忍使先生语言文字无一二存于世间，辄为镂版，以贻胜流，屋乌储胥，聊存遗爱，然流传止此，益用感伤。昔宋明儒门弟子，刊行其师语录，虽琐言鄙语，皆为搜存，不加芟饰。此编之刊，犹斯志也。

光绪戊寅四月门人潘祖荫记

正文

真嗜酒者气雄，真嗜茶者神清，真嗜笋者骨臞，真嗜菜根者志远。

鹤令人逸，马令人俊，兰令人幽，松令人古。

善贾无市井气，善文无迂腐气。

学导引是眼前地狱，得科第是当世轮回。

造化，善杀风景者也，其尤甚者，使高僧迎显宦，使循吏困下僚，使绝世之姝习弦索，使不羁之士累米盐。

日间多静坐，则夜梦不惊；一月多静坐，则文思便逸。

观虹销雨霁时，是何等气象；观风回海立时，是何等声势！

贪人之前莫炫宝，才人之前莫炫文，险人之前莫炫识。

文人富贵，起居便带市井；富贵能诗，吐属便带寒酸。

花是美人后身。梅，贞女也；梨，才女也；菊，才女之喜文章者也；水仙，善诗词者也；荼蘼，善谈禅者也；牡丹，大家中妇也；芍药，名士之妇也；莲，名士之女也；海棠，妖姬也；秋海棠，制于悍妇之艳妾也；茉莉，解事雏鬟也；木芙蓉，中年诗婢也。惟兰为绝代美人，生长名阀，耽于词画，寄心清旷，结想琴筑，然而闺中待字，不无迟暮之感。优此则绌彼，理有固然，无足怪者。

能食澹饭者，方许尝异味；能溷市嚣者，方许游名山；能受折磨者，方许处功名。

非真空不宜谈禅，非真旷不宜饮酒。

雨窗作画，笔端便染烟云；雪夜哦诗，纸上如洒冰霰。是谓善得天趣。

凶年闻爆竹，愁眼见灯花，客途得家书，病后友人邀听弹琴，俱可破涕为笑。

观门径可以知品，观轩馆可以知学，观位置可以知经济，观花卉可以知旨趣，观楹帖可以知吐属，观图书可以知胸次，观童仆可以知器宇，访友人不待亲接言笑也。

余亦有三恨：一恨山僧多俗，二恨盛暑多蝇，三恨时文多套。

蝶使之俊，蜂使之雅，露使之艳，月使之温：庭中花，斡旋造化者也。使名士增情，使美人增态，使香炉茗碗增奇光，使图画书籍增活色：室中花，附益造化者也。

无风雨不知花之可惜，故风雨者，真惜花者也；无患难不知才之可爱，故患难者，真爱才者也。风雨不能因惜花而止，患难不能因爱才而止。

琴不可不学，能平才士之骄矜；剑不可不学，能化书生之懦怯。

美味以大嚼尽之，奇境以粗游了之，深情以浅语传之，良辰以酒食度之，富贵以骄奢处之，俱失造化本怀。

楼之收远景者，宜游观不宜居住；室之无重门者，便启闭不便储藏。庭广则爽，冬累于风；树密则幽，夏累于蝉。水近可以涤暑，蚊集中宵；屋小可以御寒，客窘炎午。君子观居身无两全，知处境无两得。

忧时勿纵酒，怒时勿作札。

不静坐，不知忙之耗神者速；不泛应，不知闲之养神者真。

笔苍者学为古，笔隽者学为词，笔丽者学为赋，笔肆者学为文。

读古碑宜迟，迟则古藻徐呈；读古画宜速，速则古香顿溢；读古诗宜先迟后速，古韵以抑而后扬；读古文宜先速后迟，古气以挹而愈永。

物随息生，故数息可以致寿；物随气灭，故任气可以致夭。欲长生只在呼吸求之，欲长乐只在和平来之。

雪之妙在能积，云之妙在不留，月之妙在有圆有缺。

为雪朱栏，为花粉墙，为鸟疏枝，为鱼广池，为素心开三径。

筑园必因石，筑楼必因树，筑榭必因池，筑室必因花。

梅绕平台，竹藏幽院，柳护朱楼，海棠依阁，木犀匝庭，牡丹对书斋，藤花蔽绣闼，绣球傍亭，绯桃照池，香草漫山，梧桐覆井，酴醾隐竹屏，秋色倚栏干，百合仰拳石，秋萝亚曲阶，芭蕉障文窗，蔷薇窥疏帘，合欢俯锦帏，桂花媚纱槅。

花底填词，香边制曲，醉后作草，狂来放歌，是谓遣笔四称。

谈禅不是好佛，只以空我天怀；谈玄不是羡老，只以贞我内养。

路之奇者，入不宜深，深则来踪易失；山之奇者，入不宜浅，浅则异境不呈。

木以动折，金以动缺，火以动焚，水以动溺，惟土宜动，然而思虑伤脾，燔炙生冷皆伤胃，则动中仍须静耳。

习静觉日长，逐忙觉日短，读书觉日可惜。

少年处不得顺境，老年处不得逆境，中年处不得闲境。

素食则气不浊，独宿则神不浊，默坐则心不浊，读书则口不浊。

空山瀑走，绝壑松鸣，是有琴意；危楼雁度，孤艇风来，是有笛意；幽涧花落，疏林鸟坠，是有筑意；画帘波漾，平台月横，是有箫意；清溪絮扑，丛竹雪洒，是有筝意；芭蕉雨粗，莲花漏续，是有鼓意；碧瓯茶沸，绿沼鱼行，是有阮意；玉虫妥烛，金莺坐枝，是有歌意。

琴医心，花医肝，香医脾，石医肾，泉医肺，剑医胆。

对酒不能歌，盲于口；登山不能赋，盲于笔；古碑不能模，盲于手；名山水不能游，盲于足；奇才不能交，盲于胸；庸众不能容，盲于腹；危词不能受，盲于耳；心香不能嗅，盲于鼻。

静一分慧一分，忙一分愦一分。

至人无梦，下愚亦无梦，然而文王梦熊，郑人梦鹿；圣人无泪，强悍亦无泪，然而孔子泣麟，项王泣骓。

水仙以玛瑙为根，翡翠为叶，白玉为花，琥珀为心，而又以西子为色，以合德为香，以飞燕为态，以宓妃为名，花中无第二品矣。

小园玩景，各有所宜：风宜环松杰阁，雨宜俯涧轩窗，月宜临水平台，雪宜半山楼槛，花宜曲廊洞房，烟宜绕竹孤亭，初日宜峰顶飞楼，晚霞宜池边小彴。雷者天之盛怒，宜危坐佛龛；雾者天之肃气，宜屏居邃闼。

高柳宜蝉，低花宜蝶，曲径宜竹，浅滩宜芦，此天与人之善顺物理，而不忍颠倒之者也。胜境属僧，奇境属商，别院属美人，穷途属名士，此天与人之善逆物理，而必欲颠倒之者也。

名山镇俗，止水涤妄，僧舍避烦，莲花证趣。

星象要按星实测，拘不得成图；河道要按河实浚，拘不得成说；民情要按民实求，拘不得成法；药性要按药实咀，拘不得成方。

奇山大水，笑之境也；霜晨月夕，笑之时也；浊酒清琴，笑之资也；闲僧侠客，笑之侣也；抑郁磊落，笑之胸也；长歌中令，笑之宣也；鹘叫猿啼，笑之和也；棕鞋桐帽，笑之人也。

臞字不能尽梅，淡字不能尽梨，韵字不能尽水仙，艳字不能尽海棠。

樱桃以红胜，金柑以黄胜，梅子以翠胜，葡萄以紫胜，此果之艳于花者也；银杏之黄，乌桕之红，古柏之苍，筼筜之绿，此叶之艳于花者也。

脂粉长丑，锦绣长俗，金珠长悍。

雨生绿萌，风生绿情，露生绿精。

村树宜诗，山树宜画，园树宜词。

抟土成金，无不满之欲；画笔成人，无不偿之愿；缩地成胜，无不扩之胸；感香成梦，无不证之因。

鸟宣情声，花写情态，香传情韵，山水开情窟，天地辟情源。

将营精舍先种梅，将起画楼先种柳。

词章满壁，所嗜不同；花卉满圃，所指不同；粉黛满座，所视不同。

爱则知可憎，憎则知可怜。

云何出尘？闭户是；云何享福？读书是。

利字从禾，利莫甚于禾，劝勤耕也；从刀，害莫甚于刀，戒贪得也。

乍得勿与，乍失勿取，乍怒勿责，乍喜勿诺。

素深沉，一事坦率便能贻误；素和平，一事愤激便足取祸。故接人不可以猝然改容，持己不可以偶尔改度。

有深谋者不轻言，有奇勇者不轻斗，有远志者不轻干进。

孤洁以骇俗，不如和平以谐俗；啸傲以玩世，不如恭敬以陶世；高峻以拒物，不如宽厚以容物。

冬室密，宜焚香；夏室敞，宜垂帘。焚香宜供梅，垂帘宜供兰。

楼无重檐则蓄鹦鹉，池无杂影则蓄鹭鸶。园有山始蓄鹿，水有藻始蓄鱼。蓄鹤则临沼围栏，蓄燕则沿梁承板，蓄狸奴则墩必装褥，蓄玉猧则户必垂花。微波菡萏多蓄彩鸳，浅渚菰蒲多蓄文蛤。蓄雉则镜悬不障，蓄兔则草长不除。得美人始蓄画眉，得侠客始蓄骏马。

任气语少一句，任足路让一步，任笔文检一番。

偏是市侩喜通文，偏是俗吏喜勒碑，偏是恶妪喜诵佛，偏是书生喜谈兵。

真好色者必不淫，真爱色者必不滥。

侠干勿轻结，美人勿轻盟，恐其轻为我死也。

宁受呼蹴之惠，勿受敬礼之恩。

贫贱时少一攀援，他日少一掣肘；患难时少一请乞，他日少一疚心。

舞弊之人能防弊，谋利之人能兴利。

善诈者借我疑，善欺者借我察。

英雄割爱，奸雄割恩。

天地自然之利，私之则争；天地自然之害，治之无益。

汉魏诗象春，唐诗象夏，宋元诗象秋，有明诗象冬。

鬼谷子方可游说，庄子方可诙谐，屈子方可牢愁，董子方可议论。

唐人之诗多类名花：少陵似春兰幽芳独秀，摩诘似秋菊冷艳独高，青莲似绿萼梅仙风骀荡，玉溪似红萼梅绮思便娟，韦、柳似海红古媚在骨，沈、宋似紫薇矜贵有情，昌黎似丹桂天葩洒落，香山似芙渠慧相清奇，冬郎似铁梗垂丝，阆仙似檀心磬口，长吉似优昙钵彩云拥护，飞卿似曼陀罗璃月玲珑。

跋

余重刊《幽梦影》，既蒇吴门潘椒坡明府，远自临湘任所寄示以《幽梦续影》，谓为镇洋朱撷筠大令所著，其弟伯寅尚书所刊，曷不并入，以成合璧。余受而读之，觉词句隽永，与前书颉颃，一新耳目。爱体明府之意趣，付手民。愿与阅是书者，共探其奥而索其旨焉。

光绪七年季春月仁和葛元煦理斋识